江苏泗洪洪泽湖湿地
国家级自然保护区鸟类

鲁长虎　王　磊　王克波 | 主编 |

中国林业出版社
·北京·

图书在版编目（CIP）数据

江苏泗洪洪泽湖湿地国家级自然保护区鸟类/鲁长虎,王磊,王克波主编.--北京:中国林业出版社,2022.1
ISBN 978-7-5219-1565-5

Ⅰ.①江… Ⅱ.①鲁… ②王… ③王… Ⅲ.①沼泽化地－自然保护区－鸟类－介绍－江苏 Ⅳ.①Q959.708

中国版本图书馆CIP数据核字(2022)第012655号

中国林业出版社·自然保护分社（国家公园分社）

责任编辑　张衍辉　葛宝庆

出　版	中国林业出版社（100009　北京市西城区刘海胡同7号）
网　址	http://www.forestry.gov.cn/lycb.html
E-mail	cfybook@sina.com　　电　话：010-83143521　83143612
发　行	中国林业出版社
印　刷	北京博海升彩色印刷有限公司
版　次	2022年1月第1版
印　次	2022年1月第1次
开　本	787mm×1092mm　1/16
印　张	11.5
字　数	150千字
定　价	168.00元

编委会名单

《江苏泗洪洪泽湖湿地国家级自然保护区鸟类》

主　　编	鲁长虎　王　磊　王克波
副 主 编	张　明　李成之　黄元国　许志敏
编　　委	（按姓氏笔画排序）
	丁晶晶　王云云　王思路　江　浩
	刘萌萌　李祎凡　张曼玉　肖　琳
	陈泰宇　韩　茜
摄　　影	张曼玉　黄元国　刘为胜　陈泰宇
	王臻祺　郝夏宁　陈　逸　王　槐
	单　成
手　　绘	刘　东

前言

江苏泗洪洪泽湖湿地国家级自然保护区（以下简称"保护区"）位于江苏省泗洪县境内，东经118°13′9″～118°28′42″，北纬33°20′27″～33°10′40″。保护区北接泗洪县东南部，东靠洪泽湖，南临盱眙，紧邻泗洪县城头乡、临淮镇，西与双沟镇相邻。保护区总面积50223.13公顷，主要保护对象为内陆淡水湿地生态系统、国家重点保护鸟类和其他野生动植物、鱼类产卵场和下草湾标准地层剖面等。

自20世纪80年代开始，先后在洪泽湖地区建立了3个县级自然保护区（城头林场鸟类自然保护区、杨毛嘴湿地自然保护区、下草湾标准地层剖面自然保护区）。2001年11月经江苏省人民政府批准，以3个县级自然保护区为基础，建立了江苏泗洪洪泽湖湿地省级自然保护区。2006年经国务院批准晋升为国家级自然保护区。

经过多年的退渔还湿、生态修复、鸟类保护等工作，鸟类物种多样性得到了显著的提高。为了摸清保护区鸟类多样性的详细情况，2020年保护区启动了鸟类生物多样性专项调查工作。通过本次系统的调查监测和对历史资料的整理分析，保护区记载的鸟类种数由2012年的147种增加到2021年的226种。在保护区杨毛嘴核心区等地，栖息着国家一级和二级重点保护鸟类如东方白鹳、白琵鹭、小天鹅、鸳鸯、震旦鸦雀等。

保护区鸟类在生态类群划分上，以涉禽类（鸻鹬类、鹭类、鹤类等）、游禽类（雁类、河鸭类、潜鸭类、秋沙鸭类、天鹅类等）为主体，鸣禽类（雀形目鸟类，鸫科、莺科、雀科、鸦科等）种类和数量丰富，另有猛禽类（鹰类、隼类、鸮类

《江苏泗洪洪泽湖湿地国家级自然保护区鸟类》

等)、攀禽类(啄木鸟类、杜鹃类等)、陆禽类(斑鸠类、雉鸡类等)也是保护区鸟类的重要组成部分。总体上反映出了以湿地鸟类为主,林地、农田等生境鸟类为辅助的特色。

保护区鸟类在居留型组成上,反映出以候鸟为主体、留鸟为辅的特点。保护区地处东亚－澳大利西亚候鸟迁徙路线上,每年春秋季节,大量鸟类南北方向迁徙路过保护区范围,如雁鸭类往往在保护区停留超过1个月的时间,利用保护区的优质生境,补充食物、栖息,继而再迁飞至北方的繁殖地或南方的越冬地。保护区也栖息了大量的留鸟,常年在保护区内留居繁殖和越冬,如鹭类、雀类等。

保护区的鸟类研究开展较早,很多学者做了大量工作。我们对本次野外专项调查、保护区鸟类监测获得的鸟类分布情况进行了统计分析,撰写了本书,以期对保护区鸟类的分布和保护现状进行阶段性总结。

本书总共列入鸟类226种,隶属于19目、60科,对每种鸟类在保护区的分布和种群数量进行了描述,并且配备了200种鸟类的照片。

本书中鸟类的分类体系采用《中国鸟类分类与分布名录》(第三版)。

限于水平,书中错误和不当之处敬请批评指正。

编者

2022年1月

目录

4 前言

10 总论

    1.1 洪泽湖地区鸟类研究历史..11
    1.2 保护区鸟类物种组成..11
    1.3 保护区鸟类物种多样性空间分布..............................14
    1.4 保护区鸟类数量及分布..14

19 各论

165 参考文献

166 附表

174 索引

一 鸡形目 GALLIFORMES	19
雉　科 Phasianidae	20
二 雁形目 ANSERIFORMES	21
鸭　科 Anatidae	22
三 䴙䴘目 PODICIPEDIFORMES	36
䴙䴘科 Podicipedidae	37
四 鸽形目 COLUMBIFORMES	38
鸠鸽科 Columbidae	39
五 夜鹰目 CAPRIMULGIFORMES	42
夜鹰科 Caprimulgidae	43
雨燕科 Apodidae	43
六 鹃形目 CUCULIFORMES	44
杜鹃科 Cuculidae	45
七 鸨形目 OTIDIFORMES	48
鸨　科 Otididae	49
八 鹤形目 GRUIFORMES	50
秧鸡科 Rallidae	51
鹤　科 Gruidae	54
九 鸻形目 CHARADRIIFORMES	55
反嘴鹬科 Recurvirostridea	56
鸻　科 Charadriidae	57
彩鹬科 Rostratulidae	60
水雉科 Jacanidae	61
鹬　科 Scolopacidae	62
燕鸻科 Glareolidae	68
鸥　科 Laridae	69
十 鹳形目 CICONIIFORMES	74
鹳　科 Ciconiidae	75
十一 鲣鸟目 SULIFORMES	76
鸬鹚科 Phalacrocoracidae	77
十二 鹈形目 PELECANIFORMES	78
鹮　科 Threskiornithidae	79
鹭　科 Ardeidae	80
十三 鹰形目 ACCIPITRIFORMES	87
鹗　科 Pandionidae	88
鹰　科 Accipitridae	88
十四 鸮形目 STRIGIFORMES	94
鸱鸮科 Strigidae	95
草鸮科 Tytonidae	97
十五 犀鸟目 BUCEROTIFORMES	98
戴胜科 Upupidae	99
十六 佛法僧目 CORACIIFORMES	100
佛法僧科 Coraciidae	101
翠鸟科 Alcedinidae	101
十七 啄木鸟目 PICIFORMES	103
啄木鸟科 Picidae	104
十八 隼形目 FALCONIFORMES	106
隼　科 Falconidae	107
十九 雀形目 PASSERIFORMES	109
黄鹂科 Oriolidae	110
山椒鸟科 Campephagidae	110
卷尾科 Dicruridae	111
王鹟科 Monarchidae	113
伯劳科 Laniidae	113
鸦　科 Corvidae	116
山雀科 Paridae	118
攀雀科 Remizidae	119
百灵科 Alaudidae	120
扇尾莺科 Cisticolidae	121
苇莺科 Acrocephalidae	122
燕　科 Hirundinidae	123
鹎　科 Pycnonotidae	124
柳莺科 Phylloscopidae	126
树莺科 Cettiidae	129
长尾山雀科 Aegithalidae	130
莺鹛科 Sylviidae	131
绣眼鸟科 Zosteropidae	133
噪鹛科 Leiothrichidae	134
䴓　科 Sittidae	135
椋鸟科 Sturnidae	135
鸫　科 Turdidae	138
鹟　科 Muscicapidae	142
太平鸟科 Bombycillidae	150
梅花雀科 Estrildidae	151
雀　科 Passeridae	152
鹡鸰科 Motacillidae	153
燕雀科 Fringillidae	157
鹀　科 Emberizidae	159

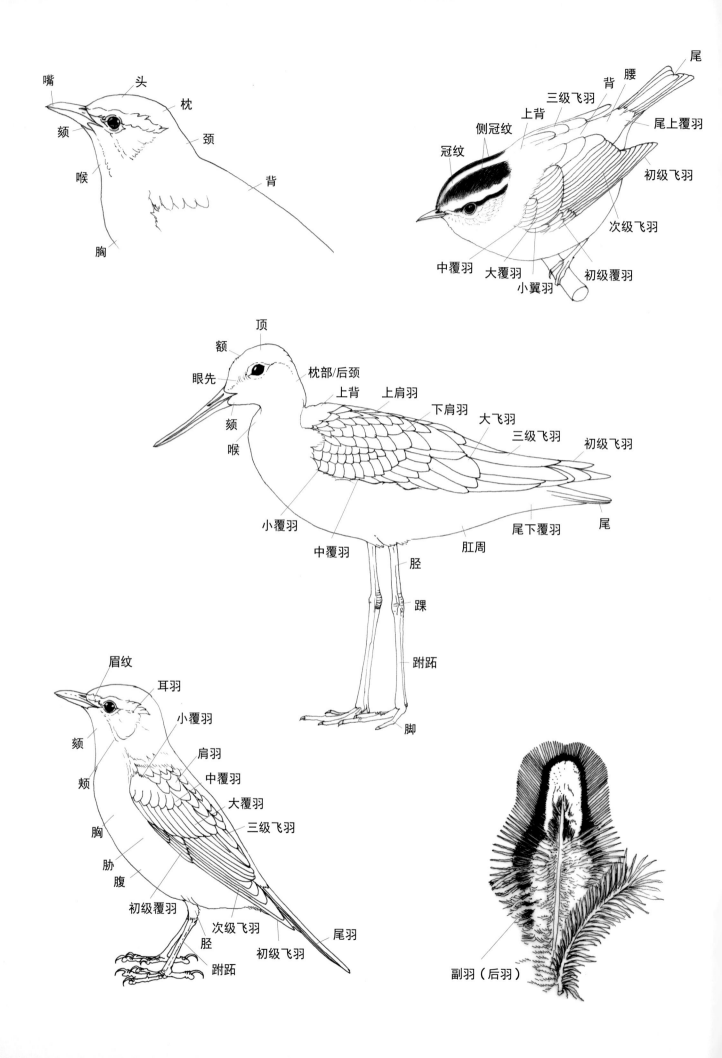

鸟类结构图

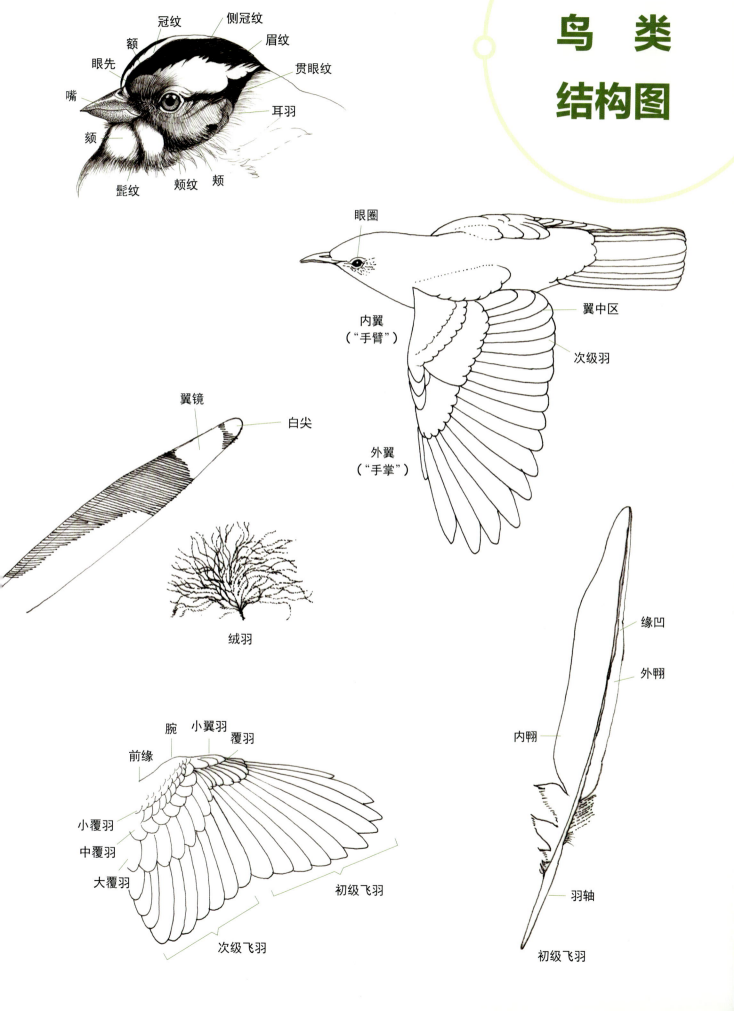

总 论

江苏泗洪洪泽湖湿地国家级自然保护区（以下简称"保护区"）位于洪泽湖西部、淮河中部，东经118°13′9″～118°28′42″，北纬33°20′27″～33°10′40″（图1-1）。保护区是洪泽湖湿地中保存最为完整、最具代表性的区域，是华东地区最大的内陆淡水型湿地生态系统，也是淮河流域和国家南水北调东线工程的重要调蓄水库和生态节点。保护区主要保护对象为内陆淡水湿地生态系统、国家重点保护鸟类和其他野生动植物、鱼类产卵场和下草湾标准地层剖面。

保护区总面积为50223.13公顷（2018年勘界），占洪泽湖湖区面积的10.35%，划分为核心区、缓冲区和实验区（图1）。其中，核心区面积16911.42公顷，占保护区总面积的33.67%；缓冲区17455.95公顷，占34.76%；实验区15855.76公顷，占31.57%。生境类型主要有湖泊湿地、河滩湿地、河流湿地、林地、农田、村镇、道路及其他用地。以湖泊和河滩湿地为主，占保护区总面积的92.26%。

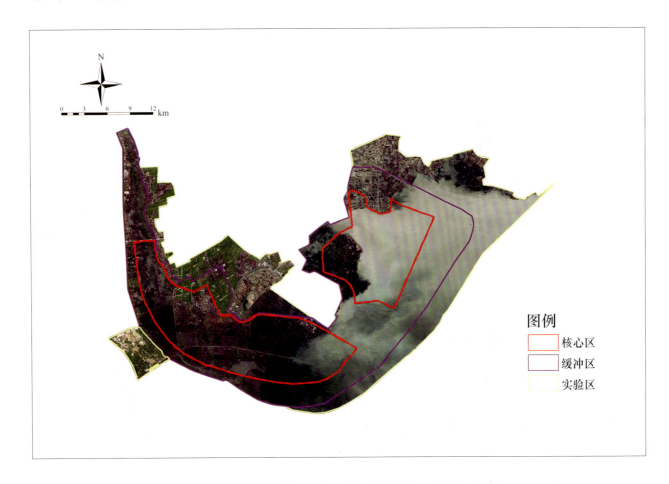

图1　江苏泗洪洪泽湖湿地国家级自然保护区功能区划图

1.1 洪泽湖地区鸟类研究历史

截至2021年7月，有关保护区及其周围区域的鸟类相关研究共20余篇，1981—1990年和1991—2000年这两个十年都只有1篇相关研究；2001—2010年有11篇相关研究；2011—2021年共有8篇相关研究。研究主题中与湿地保护与管理相关研究占18%，而鸟类保护研究占82%。鸟类保护研究中鸟类种类调查研究占35%，单一物种或特殊类群鸟类研究及报道占47%，这些单一物种或类群包括大鸨、震旦鸦雀、东方白鹳、丹顶鹤、鸻鹬类、越冬雁鸭类和夏季繁殖水鸟等。

鲁树林（1991）报道在1985年观测到一个36只的大鸨群，1987年观测到一个100余只的大鸨群，该年份保护区内总种群数超500只；江林（2001）报道保护区杨毛嘴湿地共有鸟类14目44科194种；静文（2004）对保护区内发现的震旦鸦雀进行了报道；纪涛（2007）对保护区的鸟类资源进行了详细的报道，共记录了鸟类146种，分属15目36科；章雷（2008）对洪泽农场鸟类保护区现状及发展进行了研究，文中报道此范围内有15目44科194种鸟类；高振美等（2014）研究了水生植物清理对越冬鸟类种群的影响，发现水草清理后的鸟类由1目1科1种增加到3目3科8种（包含震旦鸦雀）；王国祥等（2014）对保护区的科学考察报告中记录到鸟类147种，分属15目47科；李爱民（2016）对保护区内发现的88只东方白鹳进行了报道，同时还报道记录了白琵鹭30只，小天鹅120只；刘伶等（2018）对苏北地区丹顶鹤越冬种群的研究中提到，洪泽湖于1988年存在丹顶鹤分布；邱新天（2020）对促进洪泽湖保护区内的夏季繁殖鸟类白骨顶和灰翅浮鸥保护进行了不同植被种植方案的研究；李成之等（2021）对2016—2019年保护区内雁鸭类越冬水鸟的种群动态进行了研究，共记录了1目1科19种雁鸭类水鸟。

此外，保护区管理处根据2016年至2019年的观察和记录，编制了《洪泽湖保护区2016—2019年度鸟类调查报告》。从4年监测调查结果来看，共观测记录到鸟类207种，分属14目53科。与王国祥等（2014）科考报告中的鸟类调查名录相比，新增了64种鸟类，未记录到科考报告中的4种鸟类，分别为丹顶鹤、大鸨、褐翅鸦鹃和西伯利亚银鸥。

关于泗洪洪泽湖保护区周边地区的鸟类资源报道中，晏安厚（1986）报道在苏北的邵伯湖和高邮湖发现丹顶鹤和灰鹤迁来越冬，而洪泽湖位于此区域西北角；唐剑等（2007）在洪泽湖东部湿地省级自然保护区对淮河入洪泽湖河口处雁鸭类进行了研究，记录了1目1科18种雁鸭类鸟类，唐剑（2007）还在2005—2007年对洪泽湖南部冬春季鸟类进行了野外调查，共记录到15目43科146种湿地水鸟；鲁长虎等（2008）在洪泽湖东部湿地省级自然保护区对鱼塘生境中的鸻鹬类鸟类进行了研究，记录了1目2科19种鸻鹬类鸟类。

1.2 保护区鸟类物种组成

2020年7月至2021年6月期间，采用样线法、样点法等多种调查方法，对保护区的鸟类资源进行了专项调查。根据专项调查结果并结合历史文献资料和保护区鸟类监测记录，分析结果如下。

保护区共有鸟类226种，隶属19目60科（鸟类分类系统参照郑光美《中国鸟类分类与分布名录》第三版）。全部226种鸟类中，2020—2021年专项调查记录到215种，其他11种来源于历史资料分析。从物种鸟类目别组成上来看，雀形目鸟类29科102种，物种数最多，占总鸟类物种数的45.1%，占绝对优势；

非雀形目中，鸽形目次之，7科31种，占总鸟类物种数的12.9%；雁形目1科25种，占总鸟类物种数的11.1%；其他目鸟类共记录到68种，占总鸟类物种数的30.1%，其中鲣鸟目、鸨形目和犀鸟目仅记录到1种鸟类（表1）。目别组成体现了非雀形目湿地水鸟和雀形目小型鸟类为主体的组成特点。

表1 保护区鸟类组成

目	科	物种数（种）	所占比例（%）
鸡形目 GALLIFORMES	雉科 Phasianidae	2	0.88
雁形目 ANSERIFORMES	鸭科 Anatidae	25	11.06
䴙䴘目 PODICIPEDIFORMES	䴙䴘科 Podicipedidae	2	0.88
鸽形目 COLUMBIFORMES	鸠鸽科 Columbidae	4	1.77
夜鹰目 CAPRIMULGIFORMES	夜鹰科 Caprimulgidae	1	0.44
	雨燕科 Apodidae	1	0.44
鹃形目 CUCULIFORMES	杜鹃科 Cuculidae	5	2.21
鸨形目 OTIDIFORMES	鸨科 Otididae	1	0.44
鹤形目 GRUIFORMES	秧鸡科 Rallidae	5	2.21
	鹤科 Gruidae	2	0.88
鸻形目 CHARADRIIFORMES	反嘴鹬科 Recurvirostridae	2	0.88
	鸻科 Charadriidae	7	3.10
	彩鹬科 Rostratulidae	1	0.44
	水雉科 Jacanidae	1	0.44
	鹬科 Scolopacidae	12	5.31
	燕鸻科 Glareolidae	1	0.44
	鸥科 Laridae	7	3.10
鹳形目 CICONNIFORMES	鹳科 Ciconiidae	2	0.88
鲣鸟目 SULIFORMES	鸬鹚科 Phalacrocracidae	1	0.44
鹈形目 PELECANIFORMES	鹮科 Threskiornithidae	2	0.88
	鹭科 Ardeidae	12	5.31
鹰形目 ACCIPITRIFORMES	鹗科 Pandionidae	1	0.44
	鹰科 Accipitridae	10	4.42
鸮形目 STRIGIFORMES	草鸮科 Tytonidae	1	0.44
	鸱鸮科 Strigidae	4	1.77
犀鸟目 BUCEROTIFORMES	戴胜科 Upupidae	1	0.44
佛法僧目 CORACIFORMES	翠鸟科 Aedinidae	3	1.33
	佛法僧科 Coraciidae	1	0.44

（续表）

目	科	物种数（种）	所占比例（%）
啄木鸟目 PICIFORMES	啄木鸟科 Picidae	4	1.77
隼形目 FALCONIFORMES	隼科 Falconidae	3	1.33
雀形目 PASSERIFORMES	黄鹂科 Oriolodae	1	0.44
	山椒鸟科 Campephagidae	1	0.44
	卷尾科 Dicruridae	3	1.33
	王鹟科 Monarchidae	1	0.44
	伯劳科 Laniidae	5	2.21
	鸦科 Corvidae	5	2.21
	山雀科 Paridae	2	0.88
	攀雀科 Remizidae	1	0.44
	百灵科 Alaudidae	1	0.44
	扇尾莺科 Cisticolidae	2	0.88
	苇莺科 Acrocephalidae	2	0.88
	燕科 Hirundinidae	3	1.33
	鹎科 Pycnonotidae	3	1.33
	柳莺科 Phylloscopidae	6	2.65
	树莺科 Cettiidae	3	1.33
	长尾山雀科 Aegithalidae	2	0.88
	莺鹛科 Sylviidae	2	0.88
	绣眼鸟科 Zosteropidae	2	0.88
	噪鹛科 Leiothrichidae	2	0.88
	鸸科 Sittidae	1	0.44
	椋鸟科 Sturnidae	4	1.77
	鸫科 Turdidae	8	3.54
	鹟科 Muscicaoidae	16	7.08
	太平鸟科 Bombycillidae	1	0.44
	梅花雀科 Estrildidae	1	0.44
	雀科 Passeridae	2	0.88
	鹡鸰科 Motacillidae	8	3.54
	燕雀科 Fringillidae	5	2.21
	鹀科 Emberizidae	9	3.98

从居留型来看，保护区鸟类以冬候鸟为主共73种，占总物种数的32.3%，其次是旅鸟56种、留鸟55种、夏候鸟42种，分别占总物种数的24.8%、24.3%和18.6%，这表明洪泽湖湿地保护区是重要的鸟类越冬地，同时在鸟类迁徙期间，也可以为鸟类提供迁徙补给。

从鸟类区系组成上来看，保护区鸟类以古北界为主，共124种，其次是广布种68种、东洋界33种，分别占总数的54.9%、30.1%和14.6%，鸟类区系组成与保护区的地理区系划分是一致的。

泗洪洪泽湖保护区鸟类组成中属国家重点保护的物种共有40种（详见附表），其中国家一级重点保护野生鸟类8种，国家二级重点保护野生鸟类32种，隶属11目16科，占保护区鸟类总物种数的17.7%。其中，鹰形目物种数最多，共11种，占总保护鸟类物种的27.5%。

泗洪洪泽湖保护区鸟类物种中，有15种鸟类被世界自然保护联盟（IUCN）列入受胁物种红色名录，隶属9目10科，占鸟类总物种数的6.6%（详见附表）。其中，近危（NT）鸟类7种，易危（VU）3种、濒危（EN）3种和极危（CR）2种，分别占保护区IUCN受胁鸟类物种数的46.7%、20.0%、20.0%和13.3%。

1.3 保护区鸟类物种多样性空间分布

对保护区专项调查的16个调查样地全年鸟类物种数多样性空间分布分析发现，鸟类物种数超过90种的调查样地有5个，包括穆墩岛、溧河洼湿地、怀洪新河河口湿地、洪泽湖鱼族馆和芦苇迷宫等；物种数在81~90种的调查样地有3个，分别是杨毛嘴湿地、观鸟园和城头乡三分场；物种数在71~80的调查样地有1个，为陈圩林场；物种数在70种以下的调查样地有7个，分别是溧河洼大桥、溧河洼芦苇地、穆墩岛东侧湖面、双沟站、千荷园、下草湾和龙集湿地（表2）。由于保护区鸟类分布范围较广，本次鸟类调16个调查样地生境类型多样，鸟类物种数分布呈现出一定的差异（图2），反映出鸟类的习性不同和对于生境的需求存在差异。

对16个调查样地的鸟类物种数进行分析，把保护区鸟类物种多样性由低到高划分为四个等级（由Ⅰ到Ⅳ逐级递增），对鸟类多样性进行了分级评价（图3）。结果表明，穆墩岛、溧河洼湿地、怀洪新河河口湿地、洪泽湖鱼族馆和芦苇迷宫是鸟类多样性较高的区域，位于第Ⅳ级（鸟类种数超过90种）；鸟类多样性等级为Ⅲ级（鸟类种数为81~90种）的区域包括杨毛嘴湿地、观鸟园和城头乡三分场；辖区内等级为Ⅱ级（鸟类种数为71~80种）的行政区划包括陈圩林场；鸟类多样性相对较低的地区位于Ⅰ级（鸟类种数少于70种），包括溧河洼大桥、溧河洼芦苇地、穆墩岛东侧湖面、双沟站、千荷园、下草湾和龙集湿地，这些地区主要为湖泊湿地等，鸟类栖息的生境较为单一，而双沟站、下草湾和龙集湿地鸟由于农业生产和水产捕等活动产生的人为干扰较大，从而影响了鸟类的栖息活动。

1.4 保护区鸟类数量及分布

基于保护区鸟类资源专项调查结果，将调查样地每个月记录的鸟类频次进行叠加得到保护区年鸟类数量，共记录到鸟类约202000只。其中，记录频次最高的10种鸟类，累计达到约158000只，占总记录次数的78.2%。记录频次最高的鸟种分别是白骨顶99000只、斑嘴鸭11000只、花脸鸭8000只、绿头鸭7000只、绿翅鸭7000只、罗纹鸭6000只、须浮鸥6000只、白鹭5000只、赤膀鸭5000只和白头鸭4000只，分别

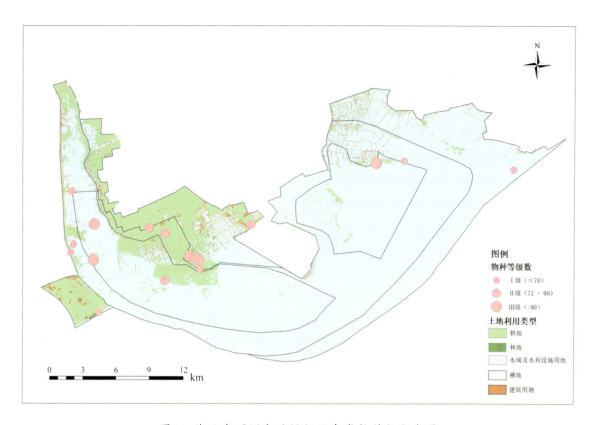

图2 基于专项调查的保护区鸟类物种数分布图

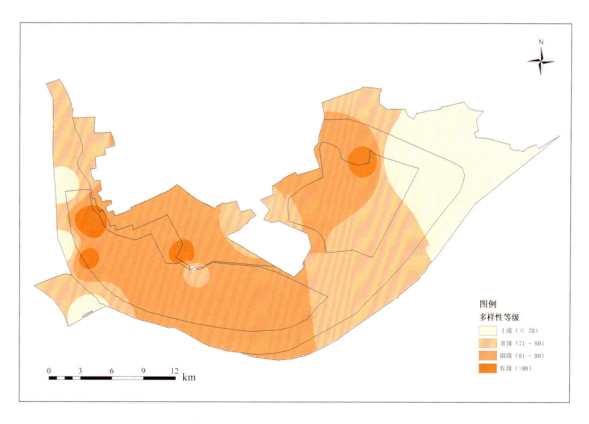

图3 基于专项调查的保护区鸟类多样性评价图

表2 保护区专项调查各样地鸟类物种数

所属范围	编号	调查样地	物种数（种）
核心区	1	溧河洼大桥	62
	2	杨毛嘴湿地	88
	3	穆墩岛	98
	4	溧河洼湿地	108
	5	溧河洼芦苇地	61
	6	观鸟园	83
实验区	7	怀洪新河河口湿地	99
	8	穆墩岛东侧湖面	53
	9	双沟站	61
	10	千荷园	68
缓冲区	11	下草湾	61
	12	城头乡三分场	81
	13	陈圩林场	73
	14	洪泽湖鱼族馆	92
	15	芦苇迷宫	100
	16	龙集湿地	41

约占总鸟类记录频次的49.0%、5.6%、3.9%、3.6%、3.5%、3.0%、2.7%、2.5%、2.4%和1.8%。这10种鸟类中，主要以越冬水鸟为主，包括白骨顶、斑嘴鸭、花脸鸭、绿头鸭、绿翅鸭、罗纹鸭和赤膀鸭。此外，保护区白头鸭和白鹭均为留鸟，须浮鸥为夏候鸟。

从全年鸟类总数量分布方面来看，各调查样地鸟类种群数量呈现一定的差异（表3）。保护区全年累计鸟类记录频次超过30000次的调查样地有3个，分别是溧河洼湿地、怀洪新河河口湿地和龙集湿地。这3个调查样地能在冬季为鸟类栖息提供有利条件，有大量越冬水鸟，其中12月至次年2月有大量的白骨顶、雁鸭类集群，这使得该调查样地的年鸟类数量大大增加，表明这3个样地是重要的水鸟越冬地，应重点保护，尽可能减少水产捕捞和游客对于越冬水鸟的影响。鸟类记录频次在10000～20000次的调查样地有2个，包括溧河洼大桥和观鸟园等，溧河洼大桥北侧为大面积的水面和芦苇地，适宜鸟类栖息，而观鸟园有大量高大的乔木林，在夏季适合鹭科鸟类集群繁殖；鸟类记录频次少于10000次的样地共有11个。保护区全年鸟类资源相对集中，多数鸟类选择在开阔的天然水域越冬；夏季也有大量鸥类选择开阔湖面繁殖，部分鹭科鸟类选择密度高的林地繁殖。结合鸟类数量在各个区域的分布情况和保护区生境类型分析，结果表明保护区湿地生境类型比较丰富，同时也包含部分林地，能为不同鸟类提供栖息及觅食活动场所（图4）。

表3 保护区各调查样地鸟类记录频次

所属范围	编号	调查样地	记录频次
核心区	1	溧河洼大桥	17000
	2	杨毛嘴湿地	6000
	3	穆墩岛	5000
	4	溧河洼湿地	69000
	5	溧河洼芦苇地	1000
	6	观鸟园	11000
实验区	7	怀洪新河河口湿地	37000
	8	穆墩岛东侧湖面	3000
	9	双沟站	1000
	10	千荷园	1000
缓冲区	11	下草湾	1000
	12	城头乡三分场	3000
	13	陈圩林场	3000
	14	洪泽湖鱼族馆	5000
	15	芦苇迷宫	6000
	16	龙集湿地	31000

综合来看，鸟类数量动态变化主要是受到生态环境、鸟类迁徙时间及外界干扰等因素影响。保护区以天然湖泊生境为主，湖泊沿岸浅滩通常有芦苇等植物生长，这样的生境适合水鸟栖息利用；密闭的林地也是鸟类的活动频繁的区域，如观鸟园、陈圩林场和穆墩岛等，这些大面积的森林为林鸟提供了庇护所，因此林鸟数量较多。但是也有部分生境由于植被稀疏及人为干扰过大而导致鸟类分布数量较少，如下草湾；龙集湿地则由于频繁的车辆船只及捕鱼等生产活动，导致鸟类物种数较少，但越冬期数量仍然较多，以常见的白骨顶、赤膀鸭等为主。由于农业生产，导致生境植被单一、人类活动频繁，使得城头乡三分场鸟类数量减少。保护区核心区的天然湖泊湿地生境的鸟类数量相对较为丰富，能够为不同居留型的鸟类提供栖息觅食场所，湿地生境丰富及人为管理保护较好，使得大量鸟类到此栖息觅食，如杨毛嘴湿地、溧河洼湿地及怀洪新河河口湿地等。

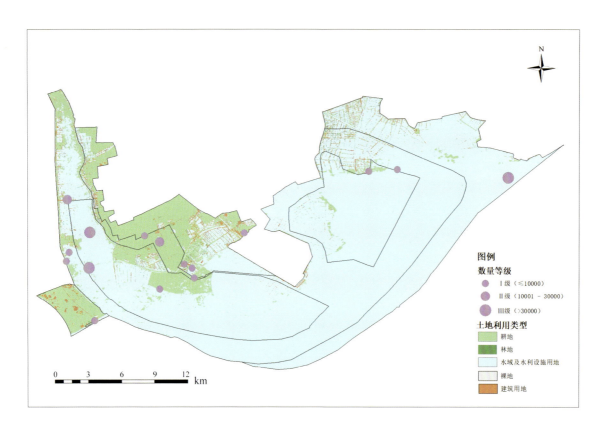

图4 保护区鸟类数量分布图

一 鸡形目
GALLIFORMES

鸡形目鸟类统称鹑鸡类。大多种类体形较为粗壮，嘴通常短壮略拱曲，后肢强壮，通常后趾较小而略高起，爪钝而稍曲，善于在地面行走，多为典型的地栖种类。大多群居生活，栖息于森林、山地、农田、草地等。多为非长距离迁徙的留鸟。杂食性，以植物性食物为主。

保护区分布有1科2种。

鹌鹑（日本鹌鹑）
Coturnix japonica
雉科 Phasianidae
英文名：Japanese Quail

形态特征：体长约20cm。雌雄形态相近。头侧具白色的长眉纹；上体具褐色与黑色横斑及皮黄色矛状长条纹；下体皮黄近白色，胸及两胁具黑色条纹。嘴粗短而强，上嘴先端微向下曲；后趾位置较高于其他趾。

生态习性：栖息农田、草丛等地。冬季可见到2只及以上小群。不轻易起飞，受到惊扰时突然从脚下冲出，贴地面低空飞行数十米后又落入草丛中，并快速行走藏匿。飞行直而迅速，两翅扇动较快。食性较杂，所食植物性食物包括种子、草籽、浆果、嫩叶和嫩芽等，动物性食物包括昆虫成虫、幼虫及其他小型无脊椎动物。

地理分布：我国境内于东北各省繁殖，冬季迁徙到南方地区越冬。

本地种群：保护区内农田、旷野、林地等生境有分布，数量较少，属于偶见的冬候鸟。

遇见月份：

1	2	3	4	5	6	7	8	9	10	11	12

环颈雉（雉鸡）
Phasianus colchicus
雉科 Phasianidae
英文名：Common Pheasant

形态特征：体长60～85cm。雌雄形态差异较大。雄鸟羽色鲜艳，颈部有白色颈圈，与金属绿色的颈部形成显著的对比；尾羽特别延长。雌鸟的羽色暗淡，体色以褐色和棕黄色为主，而杂以黑斑；尾羽也较短。嘴粗短而强，上嘴先端微向下曲；后趾位置较高于他趾。

生态习性：栖息于农田地、开阔林地、灌木林。善于在灌丛中奔走，也善于藏匿。轻易不再起飞，受惊扰时突然飞出，飞行速度较快，数十米后滑翔落地。落地后急速在灌丛和草丛中奔跑窜行和藏匿。食性杂，植物性食物包括果实、种子、植物叶、芽、草籽；动物性食物包括昆虫等各种小型动物。营地面巢，巢可于草丛、芦苇丛或灌丛中，也在隐蔽的树根旁或麦地里。

地理分布：我国境内大部分地区均有分布，均为留鸟，不同地域的个体形态差异明显。

本地种群：保护区内农田、旷野、林地生境均有分布，为常见的留鸟。

遇见月份：

1	2	3	4	5	6	7	8	9	10	11	12

二 雁形目
ANSERIFORMES

　　雁形目鸟类统称雁鸭类，包括大中小型水禽。通常身体粗壮；嘴型大多平扁，少数种类（如秋沙鸭）近圆锥形，嘴缘多有齿棱，上嘴尖端有硬的嘴甲；跗跖和趾短壮，跗跖短，趾间具有满蹼。栖息于各种水域湿地生境，池塘、湖泊、水库、河流、林缘沼泽和林间溪流中。很多种类在水面觅食，一些种类善于潜水捕食，有时也到水边陆地上觅食。食物多以植物性为主，包括青草、水生植物、谷类、作物幼苗等，有些种类则以动物性食物为主，包括昆虫、螺、蜗牛、软体动物、蛙和小鱼等。

　　保护区分布有1科25种。

江苏泗洪洪泽湖湿地
国家级自然保护区鸟类

鸿雁　　鸭科 Anatidae
Anser cygnoides　　英文名：Swan Goose

形态特征：体长约90cm。雌雄形态相似，体形粗壮，是家鹅的祖先之一。体色浅灰褐色，头顶到后颈暗棕褐色，前颈近白色，远处看起来颈部黑白两色分明，对比强烈；额部具有一圈耀眼的白色羽毛。嘴黑色；跗跖与趾橙黄色或肉色。

生态习性：栖息于湖泊、农田生境。迁徙季节常集成数十、数百只的大群。食物包括各种陆生植物和水生植物的叶、芽等，也吃少量甲壳类和软体动物等动物性食物。

地理分布：国内在内蒙古东部、黑龙江、吉林等地繁殖；在长江流域湖泊及沿海地区越冬。

本地种群：保护区近几年来连续有监测记录，但总体上数量较少，2020年10月记录到超过30只的大群，为冬候鸟。

遇见月份：| 1 | 2 | 3 | 4 | 5 | 6 | 7 | 8 | 9 | 10 | 11 | 12 |

豆雁　　鸭科 Anatidae
Anser fabalis　　英文名：Bean Goose

形态特征：体长80cm左右。雌雄形态相似，体形粗壮，是家鹅的祖先之一。上体灰褐色或棕褐色，下体污白色。嘴黑褐色、前部具橘黄色带斑，远远看去有如口衔一枚黄豆；跗跖和趾橙黄色。

生态习性：栖息于湖泊、农田等生境。性喜集群，迁徙季节常集成数十、数百，甚至上千只的大群；飞行时成"人"或"一"字形；主要以植物为食，白薯、小麦、蚕豆等作物的嫩叶、幼芽，慈姑、菱角、荸荠等水生植物的根茎，偶尔也会取食少量的软体动物。

地理分布：在西伯利亚等地繁殖，迁徙时经过中国东北、华北、内蒙古等地。国内于长江中下游和东南沿海地区越冬。

本地种群：常栖息于保护区内农田、湿地生境，数量较大，常见数十只乃至超过百只的大群栖息觅食，为冬候鸟。

遇见月份：| 1 | 2 | 3 | 4 | 5 | 6 | 7 | 8 | 9 | 10 | 11 | 12 |

二 雁形目
ANSERIFORMES

灰雁
Anser anser

鸭科 Anatidae
英文名： Greylag Goose

形态特征： 体长80cm左右。雌雄形态相似，雄略大于雌，体形粗壮，是家鹅的祖先之一。上体灰褐色，下体污白色。嘴、跗跖和趾均为粉红色，易与其他雁类区别。

生态习性： 栖息于湖泊、农田等生境。性喜集群，飞行时成有序的队列，"一"或"人"字形等。主要以植物性食物为食，有时也吃螺、虾、昆虫等动物性食物，迁徙期间和冬季也吃农作物幼苗和散落的种子。

地理分布： 国内在黑龙江、内蒙古、甘肃、青海、新疆等广阔的北方地区繁殖，冬季迁徙到长江以南各省和东南沿海地区越冬。

本地种群： 保护区内水域和沼泽湿地可见，有多年连续监测记录，但数量不大，2020年11月记录到超过30只的群，为旅鸟，有少数个体越冬，偶见。

遇见月份：

1	2	3	4	5	6	7	8	9	10	11	12

江苏泗洪洪泽湖湿地
国家级自然保护区鸟类

白额雁
Anser albifrons

鸭科 Anatidae
英文名：Great White-fronted Goose

形态特征：体长70～85cm。雌雄形态相似，体形粗壮。上体大多灰褐色，从上嘴基部至额有一宽阔白斑，下体白色，杂有黑色块斑。嘴肉红色，跗跖和趾橘黄色。

生态习性：栖息于湖泊湿地、农田等生境。喜群居，飞行时成有序的队列，"一"或"人"字形等。主要以植物性食物为食，如芦苇、三棱草以及其他植物的嫩芽和根、茎，也吃农作物幼苗。

地理分布：在欧亚大陆北方繁殖，迁徙时经过中国东北内蒙古、河北、山东、河南等地，国内越冬于长江中下游流域及东南沿海地区。

本地种群：保护区内开阔水域、池塘等湿地可见，数量较少，有时可见小群，为冬候鸟。

遇见月份：

1	2	3	4	5	6	7	8	9	10	11	12

二 雁形目
ANSERIFORMES

小天鹅
Cygnus columbianus

鸭科 Anatidae
英文名：Tundra Swan

- **形态特征**：体长140cm左右。雌雄形态相似。通体羽毛白色，颈部长。嘴黑色，基部黄斑仅限于嘴基的两侧，沿嘴缘不延伸到鼻孔以下，借此与大天鹅（*Cygnus cygnus*）相区别；跗跖和趾黑色。
- **生态习性**：栖息于湖泊湿地。常呈小群或较大群活动。主要以水生植物的叶、根、茎和种子等为食，也吃少量螺类、软体动物、水生昆虫和其他小型水生动物，有时还吃农作物的种子和幼苗。
- **地理分布**：繁殖于西伯利亚苔原地带，国内迁徙途经东北地区，冬季至长江流域湖泊和东南沿海地区越冬。
- **本地种群**：保护区内湖泊水域、藕塘等湿地可见，连续多年监测到越冬种群，可见到数十只乃至超过百只的大群，为冬候鸟。

遇见月份：| 1 | 2 | 3 | 4 | 5 | 6 | 7 | 8 | 9 | 10 | 11 | 12 |

翘鼻麻鸭
Tadorna tadorna

鸭科 Anatidae
英文名：Common Shelduck

- **形态特征**：体长60cm左右。雌雄形态略有差异，雌鸟体形较小。体羽大都白色，头和上颈黑色，具绿色光泽；自背至胸有一条宽的栗色环带。嘴红色，略向上翘，因此得名；繁殖期雄鸟上嘴基部有一红色瘤状物；跗跖和趾肉红色或粉红色。
- **生态习性**：栖息于湖泊、河口湿地。常数十至上百只结群活动。食物主要以动物性为主，包括昆虫成虫及幼虫、藻类、软体动物、甲壳类、小鱼和鱼卵等，也吃植物叶片、嫩芽和种子等植物性食物。
- **地理分布**：国内繁殖于东北及西北；迁徙经华北地区，至长江以南和东南沿海地区越冬。
- **本地种群**：保护区内水域和湿地生境可见，为罕见的迁徙过境或冬候鸟。

遇见月份：| 1 | 2 | 3 | 4 | 5 | 6 | 7 | 8 | 9 | 10 | 11 | 12 |

赤麻鸭
Tadorna ferruginea

鸭科 Anatidae
英文名：Ruddy Shellduck

形态特征： 体长60cm左右。雌雄形态略有差异，雌鸟体形较小。通体羽色为赤黄褐色，翅上有明显的白色翅斑和铜绿色翼镜；繁殖季节雄鸟有一黑色颈环，雌性无；尾羽黑色。嘴、跗跖和趾黑色。

生态习性： 栖息于湖泊、河流等湿地水域生境。非繁殖期以家族群和小群生活，有时也集成数十，甚至近百只的大群。食物主要以水生植物叶、芽、种子、农作物幼苗、谷物等植物性食物为主，也吃昆虫、甲壳动物、软体动物和小鱼等动物性食物。

地理分布： 国内分布广泛，繁殖于广阔的北方地区，在西南地区也有繁殖记录。迁徙经华北地区，至长江以南和东南沿海地区越冬。

本地种群： 保护区内湖泊等湿地生境可见，连续多年监测均有记录，但数量不多，为较为少见的冬候鸟。

遇见月份： | 1 | 2 | 3 | 4 | 5 | 6 | 7 | 8 | 9 | 10 | 11 | 12 |

鸳鸯
Aix galericulata

鸭科 Anatidae
英文名：Mandarin Duck

形态特征： 体长40cm左右。雌雄形态差异较大。雄鸟羽色鲜艳，嘴红色，跗跖和趾橙黄色，羽色鲜艳，头具冠羽，眼后有宽阔的白色眉纹，翅上有一对栗黄色直立羽，形似船帆，极易辨认。雌鸟嘴黑色，跗跖和趾橙黄色，上体灰褐色，眼周白色，其后连一细的白色眉纹。

生态习性： 栖息于湖泊、河流。非繁殖期常成群活动，迁徙季节和冬季集群多达数十、近百只。善游泳和潜水。杂食性，植物性食物包括草根、草籽、苔藓等，也吃玉米、稻谷等农作物和忍冬、橡子等植物果实与种子；动物性食物包括各种昆虫成虫和幼虫，以及小鱼、蛙、蝲蛄、虾、蜗牛、蜘蛛等。

地理分布： 国内繁殖于东北北部和中部地区、内蒙古东北部；迁徙经山东、河北、甘肃等地；越冬在长江中下游及东南沿海一带。

本地种群： 保护区内开阔水域、池塘等湿地生境可见，迁徙过境时较常见，为冬候鸟。

遇见月份： | 1 | 2 | 3 | 4 | 5 | 6 | 7 | 8 | 9 | 10 | 11 | 12 |

二 雁形目
ANSERIFORMES

棉凫
Nettapus coromandelianus
鸭科 Anatidae
英文名：Cotton Pygmy Goose

形态特征： 体长约30cm，为鸭科中体长最瘦小的鸟类。雌雄形态有差异。繁殖期雄性上体羽色泛黑绿色光泽，头部、颈部及下身主要呈白色，飞行时，双翼呈绿色并有白带。雌鸟羽色较淡。雄鸟嘴黑棕色，跗跖黑色。雌鸟嘴褐色，跗跖两侧及后缘青黄色；蹼黄色。

生态习性： 栖息于湖泊、河流、池塘等。常成对或成小群活动。善游泳、潜水。主要以水生植物和陆生植物的嫩芽、嫩叶、根等为食，也吃水生昆虫、蠕虫、软体动物、甲壳类和小鱼等。繁殖期营巢于距水域不远的树洞，以杨树、柳树洞较为常见，也有报道在废弃的烟囱内营巢。

地理分布： 国内主要分布于四川中部至西南部、长江中下游以南地区，南至云南南部、海南岛以及广东和广西，偶见于华北及台湾。在广东、

广西为留鸟，台湾为迷鸟，其他地方为夏候鸟。

本地种群： 保护区有历史分布，2020年9月在保护区有1只个体记录，为罕见的夏候鸟。

遇见月份：

1	2	3	4	5	6	7	8	9	10	11	12

赤膀鸭
Mareca strepera
鸭科 Anatidae
英文名：Gadwall

形态特征： 体长50cm左右。雌雄形态有明显差异。雄鸟上体暗褐色，背上部具白色波状细纹，腹白色，胸部暗褐色而具新月形白斑，翅具宽阔的棕栗色横带和黑白二色翼镜，飞翔时尤为明显。雌鸟上体暗褐色而具白色斑纹，翼镜白色。雄鸟嘴为黑色，雌鸟嘴橙黄色；跗跖和趾橙黄色或棕黄色。

生态习性： 栖息于湖泊等开阔水域。常成小群活动，也喜欢与其他野鸭混群。主要以水生植物为食，如苦草、菹草、眼子菜、狐尾藻和荇菜等，也到岸上或农田地中觅食青草、草籽、浆果和谷粒。

地理分布： 国内主要繁殖于新疆天山和东北北部；越冬在西藏南部、云南、贵州、四川、长江中下游和东南沿海及台湾；迁徙时经过新疆、青海、内蒙古和华北一带。

本地种群： 保护区内湖泊、池塘等湿地生境可见，数量较大，能监测到数百只的大群，为常见的冬候鸟。

遇见月份：

1	2	3	4	5	6	7	8	9	10	11	12

罗纹鸭　鸭科 Anatidae
Anas falcata　英文名：Falcated Duck

形态特征： 体长50cm左右。雌雄形态差异显著。雄鸟头顶暗栗色，头侧、颈侧和颈冠铜绿色，额基有一白斑；颌、喉白色，其上有一黑色横带位于颈基处。三级飞羽特别延长、下垂，呈镰刀状，所以又被称之为"镰刀鸭"；下体满杂以黑白相间波浪状细纹；尾下两侧各有一块三角形乳黄色斑。雌鸭略较雄鸭小，上体黑褐色，下体棕白色，满布黑斑。嘴黑褐色；跗跖和趾灰色。

生态习性： 栖息于湖泊开阔水域等湿地生境。冬季和迁徙季节亦集成数十只上百只的大群，常与其他野鸭混群。飞行灵活迅速。主要以植物性食物为食，包括水藻、水生植物的嫩叶、种子等，偶尔也吃水生昆虫、软体动物以及甲壳类等无脊椎动物。

地理分布： 国内繁殖于东北北部，如内蒙古、黑龙江、吉林等地；迁徙经华北地区，至黄河下游、长江以南、海南等地越冬。

本地种群： 保护区内湖泊开阔水域等生境常见，可监测到数十只上百只的大群，数量较大，为常见的冬候鸟。

遇见月份：

1	2	3	4	5	6	7	8	9	10	11	12

赤颈鸭　鸭科 Anatidae
Anas penelope　英文名：Eurasian Wigen

形态特征： 体长50cm左右。雌雄形态有明显差异。雄鸟头和颈棕红色，额至头顶有一浅黄色纵带；上体灰色满杂以暗褐色波状细纹，翼镜翠绿色，翅上覆羽纯白色；在水中时可见体侧形成的显著白斑，翼镜为绿色。雌鸟上体大都黑褐色，翼镜暗灰褐色，上胸棕色，其余下体白色。嘴蓝灰色，先端黑色；跗跖和趾铅蓝色。

生态习性： 栖息于湖泊、池塘等湿地生境中。冬季和迁徙季节亦集成数十只的小群，常与其他野鸭混群。尤其喜欢在富有水生植物的开阔水域中活动。主要以植物性食物为食，如眼子菜、藻类和水生植物的根、茎、叶和果实；常到岸上或农田觅食青草、杂草种子和农作物，也吃少量动物性食物。

地理分布： 国内繁殖于东北，迁徙时经过新疆、内蒙古、东北南部和华北一带，越冬于南方各省以及西藏南部、台湾和海南岛。

本地种群： 保护区内开阔水域等湿地生境可见，可监测到十余只至数十只的群，较为常见的冬候鸟。

遇见月份：

1	2	3	4	5	6	7	8	9	10	11	12

二 雁形目
ANSERIFORMES

绿头鸭
Anas platyrhynchos

鸭科 Anatidae
英文名：Mallard

形态特征：体长58cm左右。雌雄形态差异显著，外形似家鸭，是家鸭的祖先之一。雄鸟头、颈部辉绿色，颈部有一明显的白色领环，上体黑褐色，中央尾羽向上卷曲成钩状，俗称"蝎子尾"，翼镜蓝色。雌鸭上体褐色，下体浅棕色或棕白色，翼镜紫蓝色。雄鸟嘴黄绿色，跗跖和趾红色。雌鸟嘴黑褐色，跗跖和趾橙黄色。

生态习性：栖息于湖泊、河流等湿地生境。常成对、成群活动，迁徙和越冬期常集成数十、数百只的大群。主要以植物的叶、芽、茎、水藻和种子等为食，也吃软体动物、甲壳类、水生昆虫等动物性食物，秋季迁徙和越冬期间也常到收割后的农田觅食散落在地上的谷物。营巢于湖泊、河流等水域岸边草丛中地上或倒木下的凹坑处，营巢环境极为多样。

地理分布：国内于西北和东北大部地区繁殖，迁徙至南方越冬，分布广泛，种群数量较大。

本地种群：保护区内湖泊水域、河流、池塘等生境可见，数量众多，可监测到数十只至数百只的大群，为常见的冬候鸟。绿头鸭少数个体留居在江苏境内繁殖，保护区也可见到繁殖个体。

遇见月份：

1	2	3	4	5	6	7	8	9	10	11	12

斑嘴鸭
Anas zonorhyncha

鸭科 Anatidae
英文名：Eastern Spot-billed Duck

形态特征： 体长约60cm。雌雄羽色相似，外形似家鸭，是家鸭的祖先之一。上嘴先端有黄色斑块，因而得名。脸至上颈侧、眼先、眉纹、颏和喉均为淡黄白色，远处看起来显白色，与深的体色呈明显反差。嘴黑色；跗跖和趾橙黄色或橙红色。

生态习性： 栖息于湖泊、河流等湿地生境。常成群活动，也和其他鸭类混群，可结成数十只至数百只的大群。食物以植物性食物为主，包括水生植物的叶、嫩芽、茎、根等，以及草籽和谷物种子；也吃昆虫、软体动物等动物性食物。营巢于湖泊、河流等水域岸边草丛中或芦苇丛中。

地理分布： 国内广泛分布，繁殖于我国东北、内蒙古、华北和甘肃、宁夏、青海，一直到四川；迁徙至长江以南等地越冬，部分终年留居长江中下游及华东和华南等地。

本地种群： 保护区内湖泊水域、河流、池塘等湿地生境

可见，为冬候鸟，常见且数量庞大。斑嘴鸭少数个体留居在江苏境内繁殖，保护区也可见到繁殖个体。

遇见月份： | 1 | 2 | 3 | 4 | 5 | 6 | 7 | 8 | 9 | 10 | 11 | 12 |

针尾鸭
Anas acuta

鸭科 Anatidae
英文名：Northern Pintail

形态特征： 体长43～72cm。雌雄形态差异显著。雄鸟头暗褐色，颈侧有白色纵带与下体白色相连，上体满杂以淡褐色与白色相间的波状横斑，下体色浅，中央一对尾羽特别延长，因此得名。雌鸟体形较小，上体黑褐色为主，杂以黄白色斑纹，尾羽延长不显著。雄鸟上嘴两侧铅灰黑色明显，中央黑色；雌鸟嘴黑褐色；跗跖和趾灰黑色。

生态习性： 栖息于湖泊、河流等湿地生境。性喜成群，迁徙季节和冬季常成几十只至数百只的大群。活动和休息多在近岸边水域和开阔的沙滩和泥地上。食物以植物性为主，包括草籽和其他水生植物嫩芽和种子等，也到农田觅食部分散落的谷粒，也捕食水生无脊椎动物，如螺类、其他软体动物和水生昆虫等。

地理分布： 在欧亚大陆北部繁殖，国内在新疆西北部有繁殖记录，迁至长江以南及东南沿海大部地区、台湾等地越冬。

本地种群： 保护区内水域、河流等湿地生境可见，可监测到数十只的小群，数量尚可，为常见的冬候鸟。

遇见月份： | 1 | 2 | 3 | 4 | 5 | 6 | 7 | 8 | 9 | 10 | 11 | 12 |

二 雁形目
ANSERIFORMES

绿翅鸭
Anas crecca

鸭科 Anatidae
英文名：Green-winged Teal

形态特征：体长37cm左右。雌雄形态差异显著。雄鸟头颈部深栗色，头侧从眼开始有一条宽阔的绿色或蓝绿色带斑一直延伸至颈侧，尾两侧各有一黄色三角形斑，在水中游泳时，极为醒目。雌鸟上体暗褐色，下体白色或棕白色，杂以褐色斑点。雌雄翅上具有金属光泽的翠绿色翼镜和翼镜前后缘的白边，也非常醒目。嘴黑色，跗跖和趾棕褐色。

生态习性：栖息于湖泊、河流、池塘等湿地生境。喜集群，迁徙季节和冬季常集成数百甚至上千只的大群。主要以植物性食物为主，包括水生植物种子和嫩叶，也到附近农田觅食收获后散落在地上的谷粒，也吃螺、甲壳类、水生昆虫和其他小型无脊椎动物等动物性食物。

地理分布：在欧亚大陆北方繁殖，国内在东北各省和新疆西北部的天山繁殖，迁徙经华北，至中部和南部各地越冬。

本地种群：保护区内湖泊、河流、池塘等水域湿地可见，数量众多，为常见的冬候鸟。

遇见月份：

1	2	3	4	5	6	7	8	9	10	11	12

琵嘴鸭
Spatula clypeata

鸭科 Anatidae
英文名：Northerm Shoveler

形态特征：体长50cm左右。雌雄形态差异显著。雌雄嘴形相似，宽大而扁平，先端扩大成铲状，因而得名。雄鸭头、颈暗绿色而具光泽，背部黑色，胸部白色，腹和两胁栗色，与胸部白色对比明显。雌鸭较雄鸭略小，体羽棕褐色为主。雄鸟嘴为黑色；雌鸟为黄褐色；跗跖和趾橙红色。

生态习性：栖息于湖泊、河流、池塘等湿地生境。常成对或成小群，迁徙季节也集成较大的群体。多在泥质的水塘和浅水处活动和觅食。食物以动物性食物为主，包括螺及其他软体动物、甲壳类、水生昆虫、鱼和蛙等，也食水藻、草籽等植物性食物。

地理分布：在欧亚大陆北方繁殖，国内繁殖于新疆、内蒙古、黑龙江；在西藏、四川、长江以南及东

南沿海、台湾越冬。

本地种群：保护区内湖泊、河流、池塘等水域湿地可见，可监测到数十只的小群，数量尚可，为常见的冬候鸟。

遇见月份：

1	2	3	4	5	6	7	8	9	10	11	12

白眉鸭
Spatula querquedula

鸭科 Anatidae
英文名：Garganey

形态特征：体长40cm左右。雌雄形态差异显著。雄鸟头和颈淡栗色，具白色细纹；眉纹白色，宽而长，一直延伸到头后，极为醒目；上体棕褐色，翼镜绿色。雌鸟上体黑褐色，下体白色带棕色；眉纹白色，但不及雄鸭显著。嘴黑褐色，嘴甲黑色；跗跖和趾灰黑色。

生态习性：栖息于湖泊湿地。常成对或小群活动，迁徙和越冬期间亦集成大群，常在有水草隐蔽处活动和觅食。主要以水生植物的叶、茎、种子为食，也到岸上觅食青草和到农田地觅食谷物。春夏季节也吃软体动物、甲壳类和昆虫等水生动物。

地理分布：国内繁殖于新疆、内蒙古、黑龙江，在黄河以南大部地区、海南岛、台湾越冬。

本地种群：保护区内水域和沼泽湿地可见，历史上数量较多，近年有连续监测记录，但种群数量较少，为不常见的冬候鸟。

遇见月份：

1	2	3	4	5	6	7	8	9	10	11	12

花脸鸭
Sibirionetta formosa

鸭科 Anatidae
英文名：Baikal Teal

形态特征：体长42cm左右。雌雄形态差异显著。雄鸟脸部由黄、绿、黑、白等多种色彩组成的花斑状，极为醒目，因此得名。胸侧和尾基两侧各有一条垂直白带，可以明显区别于其他野鸭。雌鸟上体暗褐色，嘴基处有近白色圆形斑。嘴黑色；跗跖和趾橙黄色或褐色。

生态习性：栖息于湖泊、河流等湿地水域。常成小群或与其他野鸭混群游泳或漂浮于开阔的水面。食物以植物性食物为主，包括藻、菱角、水草等各类水生植物的芽、嫩叶、果实和种子，农田觅食散落的稻谷等，也吃螺、其他软体动物、水生昆虫等小型无脊椎动物。

地理分布：繁殖于东北亚地区，迁徙经东北、华北，主要在长江中下游及东南沿海一带越冬。

本地种群：保护区内水域和沼泽湿地可见，历史上数量较多，近年有连续监测记录，数量众多，为常见的冬候鸟。

遇见月份：

1	2	3	4	5	6	7	8	9	10	11	12

二 雁形目
ANSERIFORMES

红头潜鸭
Aythya ferina

鸭科 Anatidae
英文名：Common Pochard

形态特征：体长46cm左右。雌雄形态差异明显。雄鸭头顶呈红褐色，虹膜红色，胸部和肩部黑色，其他部分多为淡棕色；雌体多呈淡棕色，翼灰色，腹部灰白色。嘴铅灰色，基部和先端淡黑色；跗跖和趾铅色。

生态习性：栖息于湖泊、池塘等湿地生境。常成群活动，迁徙季节和冬季常集成数百只大群，有时也和其他鸭类混群。食物主要为水藻、水生植物叶、茎、根和种子，也到岸上觅食青草和草籽。春夏季也觅食软体动物、甲壳类、水生昆虫、小鱼和虾等动物性食物。

地理分布：繁殖于欧亚大陆北部广阔区域，国内在东北、西北等地繁殖，迁徙经我国中部地区，至华东及华南越冬。

本地种群：保护区内湖泊水域、河流、池塘等湿地可见，可监测到数百只大群，数量较多，为常见的冬候鸟。

遇见月份：

| 1 | 2 | 3 | 4 | 5 | 6 | 7 | 8 | 9 | 10 | 11 | 12 |

青头潜鸭
Aythya baeri

鸭科 Anatidae
英文名：Baer's Pochard

形态特征：体长45cm左右。雌雄形态差异明显。雄鸟头和颈黑色，具绿色光泽，虹膜白色，上体黑褐色，腹部白色，与前胸部栗色截然分开，两胁淡栗褐色。雌鸟体羽纯褐色。嘴深灰色，嘴甲黑色；跗跖和趾铅灰色。

生态习性：栖息于湖泊、池塘等湿地生境。迁徙和越冬季节常与其他潜鸭混群栖息。主要以植物性食物为食，包括各种水草的根、叶、茎和种子等，也吃软体动物、水生昆虫、甲壳类、蛙等动物性食物。觅食方式主要通过潜水，但也能在水边浅水处摄食。

地理分布：国内繁殖于内蒙古、黑龙江、吉林、辽宁、河北北部；迁徙到长江以南及东南沿海地区越冬，一些个体在长江流域留居繁殖。

本地种群：保护区内湖泊水域和沼泽湿地可见，常混群于红头潜鸭中，数量较少，为不常见的冬候鸟，近年来在江苏省境内有留居繁殖的报道。

遇见月份：

| 1 | 2 | 3 | 4 | 5 | 6 | 7 | 8 | 9 | 10 | 11 | 12 |

白眼潜鸭
Aythya nyroca

鸭科 Anatidae
英文名：Feruginous Duck

形态特征：体长40cm左右。雌雄形态差异不大。雄鸟头、颈浓栗色，颏部有三角形白色小斑；颈部有一明显的黑褐色领环；上体黑褐色，上腹白色，下腹淡棕褐色。雌鸟与雄鸟基本相似，但色较暗些。嘴黑灰色或黑色；跗跖和趾银灰色或黑色和橄榄绿色。

生态习性：栖息于湖泊湿地。常成对或成小群活动，迁徙期也集成较大的群。以植物性食物为主，主要为各类水生植物的球茎、叶、芽、嫩枝和种子，也食动物性食物，如甲壳类、软体动物、水生昆虫、蠕虫以及蛙和小鱼等。

地理分布：国内繁殖于新疆西部、内蒙古；越冬于长江中游地区、四川西北部，迁徙时见于其他东南地区。

本地种群：保护区内湖泊、池塘等生境可见，可监测到数十只的小群，数量尚可，为常见的冬候鸟。

遇见月份：

1	2	3	4	5	6	7	8	9	10	11	12

凤头潜鸭
Aythya fuligula

鸭科 Anatidae
英文名：Tufted Duck

形态特征：体长40cm左右。雌雄形态差异不大。雄鸟头和颈黑色，具紫色光泽，头顶有丛生的长形黑色冠羽披于头后部，腹部及体侧白色。雌鸟深褐色，两胁褐色而羽冠短。嘴蓝灰色或铅灰色，嘴甲黑色，跗跖铅灰色。

生态习性：栖息于湖泊、河流、池塘等湿地生境。常成群活动，迁徙和越冬期间常集成上百只的大群。食物主要为虾、蟹、蛤、水生昆虫、小鱼、蝌蚪等动物性食物，有时也吃少量水生植物。

地理分布：欧亚大陆北部繁殖，国内主要繁殖于内蒙古、黑龙江、吉林等地；迁徙时广布全国各地，越冬至长江以南地区。

本地种群：保护区内湖泊、河流和池塘等湿地生境可见，数量较少，为不常见的冬候鸟。

遇见月份：

1	2	3	4	5	6	7	8	9	10	11	12

二 雁形目
ANSERIFORMES

斑头秋沙鸭
Mergellus albellus

鸭科 Anatidae
英文名：Smew

形态特征：体长40cm左右。雌雄形态差异显著。雄鸟体羽以黑白色为主，因此该种也称白秋沙鸭，眼周、枕部、背黑色，腰和尾灰色，两翅灰黑色。雌鸟头顶栗色，上体黑褐色，下体白色。嘴、跗跖和趾铅灰色。

生态习性：栖息于湖泊等开阔水域湿地。常成群活动，有时也多至数十只的大群。食物包括小型鱼类、甲壳类、贝类、水生昆虫等无脊椎动物，偶尔也吃少量水草、种子等植物性食物。

地理分布：国内繁殖于东北西北部、新疆西部喀什、天山、青海湖以东，迁徙时途经我国大部分地区，在黄河流域、长江流域及云南、东南沿海地区越冬。

本地种群：保护区内湖泊、河流等开阔水域可见，历史数据记录洪泽湖数量较大，但近年来监测到的数量较少，为冬候鸟。

遇见月份：

1	2	3	4	5	6	7	8	9	10	11	12

普通秋沙鸭
Mergus merganser

鸭科 Anatidae
英文名：Common Merganser

形态特征：体长65cm左右。雌雄形态差异显著。雄鸟头和上颈黑褐色而具绿色金属光泽，枕部有短的黑褐色冠羽，使头颈显得较为粗大；下颈、胸以及整个下体和体侧白色，背黑色，翅上有大型白斑，腰和尾灰色。雌鸟头和上颈棕褐色，上体灰色，下体白色，冠羽短，喉白色，具白色翼镜。嘴暗红色；跗跖和趾红色。

生态习性：栖息于湖泊湿地。常成小群，迁徙期间和冬季也常集成数十，甚至上百只的大群。游泳时颈伸得很直，飞行快而直。常常在平静的湖面一边游泳一边频频潜水觅食。食物主要为小鱼，也大量捕食软体动物、甲壳类和石蚕等水生无脊椎动物，偶尔也吃少量植物性食物。

地理分布：国内分布较广，繁殖于新疆、青海、西藏、黑龙江、吉林，在黄河以南各省及东南沿海一带越冬。

本地种群：保护区内水域和沼泽湿地可见，该种是秋沙鸭属中数量最多、分布最广的种类，但在保护区并不常见，为偶见的冬候鸟。

遇见月份：

1	2	3	4	5	6	7	8	9	10	11	12

三 䴙䴘目
PODICIPEDIFORMES

䴙䴘目是分布广泛而常见的水鸟，典型的游禽类，跗跖和趾的着生位置偏后，更善于潜水而拙以在陆地直立行走。嘴型多直尖，跗跖侧扁，跗跖和趾具有瓣蹼足，无明显尾羽。在沼泽、湖泊、池塘等水域活动，单个或五六只集群，频频潜水觅食。食物有小鱼、虾、水生昆虫、蛙类，兼吃植物性食物。

保护区分布有1科2种。

三 䴙䴘目
PODICIPEDIFORMES

小䴙䴘
Tachybaptus ruficollis

䴙䴘科 Podicipedidae
英文名：Little Grebe

- **形态特征**：体长约24cm。雌雄形态相似。因体形短圆，在水上浮沉宛如葫芦，故又名水葫芦。夏羽和冬羽有明显差异，夏羽颈侧羽色红褐色，冬羽颈侧呈浅黄色。嘴直且尖、黑色，繁殖季节前端有象牙白色，嘴基有明显的米黄色；冬季时嘴呈土黄色；跗跖和趾黑色，趾具瓣蹼。
- **生态习性**：栖息于河流、湖泊、池塘等湿地生境。善于游泳和潜水，极少上岸，一遇惊扰，立即潜入水中。食物主要为各种小型鱼类，也吃虾、蜻蜓幼虫、蝌蚪、甲壳类、软体动物和蛙等小型水生动物，偶尔也吃水草等水生植物。繁殖时在水面筑浮巢，每窝产卵4~8枚，常将巢中的卵用杂草等盖住，亲鸟有时将孵出的小鸟背在背上。
- **地理分布**：国内东部地区广泛分布，在东北等地为夏候鸟，中南部地区为留鸟。
- **本地种群**：保护区内湖泊、池塘、河流等湿地生境均有分布，冬季可监测到数十只的小群，为常见的留鸟。
- **遇见月份**：

1	2	3	4	5	6	7	8	9	10	11	12

凤头䴙䴘
Podiceps cristatus

䴙䴘科 Podicipedidae
英文名：Great Crested Grebe

- **形态特征**：体长约56cm。雌雄形态相似，颈部修长的特征明显。夏羽和冬羽有明显差异，夏羽有显著的黑色羽冠，颈上部具有丛生长羽组成的皱领，冬季黑色羽冠不明显，颈上饰羽消失；上体灰褐色，下体近乎白色而具光泽。嘴褐色略带红色；跗跖和趾近黑色。
- **生态习性**：栖息于湖泊、河流、池塘等开阔水域湿地。善于潜水，主要以软体动物、鱼、甲壳类和水生植物等为食。繁殖期5~7月，在隐蔽条件好的芦苇或蒲草中营巢，每窝产卵4~5枚，繁殖期雌雄成对作精湛的求偶炫耀舞蹈。
- **地理分布**：国内分布广泛，主要在北方地区繁殖，越冬时南迁至长江以南、东南沿海等地，一些个体留居在南方地区繁殖。
- **本地种群**：保护区内湖泊、河流、池塘等湿地生境可见，监测到的越冬种群数量较大，其他季节均有记录，在保护区境内有繁殖种群，较为常见的留鸟。

- **遇见月份**：

1	2	3	4	5	6	7	8	9	10	11	12

四 鸽形目
COLUMBIFORMES

鸽形目鸟类统称鸠鸽类。本目鸟类体形中等大小，身体壮实，头小，嘴短而较鸡形目鸟类细弱。跗跖和趾短而强壮，善于在地面小步疾走。栖息于多树木的地方，食物以植物种实为主。多数为留鸟。

保护区分布有1科4种。

四 鸽形目
COLUMBIFORMES

山斑鸠
Streptopelia orientalis

鸠鸽科 Columbidae
英文名：Oriental Turtle Dove

形态特征：体长约32cm。雌雄形态相似。通体大多灰褐色，颈基两侧各有一块羽缘为蓝灰色的黑色羽毛，形成显著颈斑。上体的羽缘红褐色较为明显，下体多偏粉色。嘴褐色，嘴基部被蜡膜，嘴端膨大而具角质；跗跖和趾较短，红色。

生态习性：栖息于林地生境、村落、公园等生境。常成对或成小群活动。常小步迅速前进，边走边觅食，头前后摆动。飞翔时两翅鼓动频繁，直而迅速，有时滑翔。食物以各种植物的果实、种子为主，也吃鳞翅目幼虫、甲虫等昆虫。营巢于林中树上，以及宅旁竹林、孤树等，巢非常简陋，每窝产卵2枚。

地理分布：国内分布广泛，从西藏南部至东北大部分地区均有分布，多为留鸟，较为北方的个体南迁越冬。

本地种群：保护区内农田、林地、旷野、村落等生境均有分布，数量较多，为常见的留鸟。

遇见月份：

1	2	3	4	5	6	7	8	9	10	11	12

灰斑鸠
Streptopelia decaocto

鸠鸽科 Columbidae
英文名： Eurasian Collared Dove

形态特征： 体长约32cm。雌雄形态相似。头前部灰色，向后逐渐转为浅粉红灰色，颈后有半月形黑色颈环；上体淡葡萄色，颏、喉白色，其余下体淡红灰色。嘴近黑色；跗跖和趾暗红或暗灰色。

生态习性： 栖息于林地生境、村落等。多呈小群或与其他斑鸠混群活动。食物以植物性为主，包括各种植物果实与种子、农作物谷粒，也取食动物性食物如昆虫等。通常营巢于小树上或灌丛中，每窝产卵2枚。

地理分布： 国内分布于华中、华南各省，均为不迁徙的留鸟。

本地种群： 保护区内林地、旷野、村落可见，数量不多，春夏季节遇见率高些，为偶见的留鸟。

遇见月份：

1	2	3	4	5	6	7	8	9	10	11	12

四 鸽形目
COLUMBIFORMES

火斑鸠
Streptopelia tranquebarica

鸠鸽科 Columbidae
英文名：Red Turtle Dove

- **形态特征**：体长约23cm。雌雄形态相似，雄鸟体色总体偏红些。雄鸟头蓝灰色或蓝灰白色，后颈基部有一黑色领环，上体葡萄红色，颏和喉上部白色，下体淡葡萄红色。雌鸟后颈基处黑色领环较细窄，其余上体深土褐色，下体浅土褐色，略带粉红色。嘴黑色，基部较浅淡；跗跖和趾褐红色。
- **生态习性**：栖息于林地生境、村落、公园等。常成对或成群活动，有时与其他斑鸠混群。食物主要为植物浆果、种子和果实，也吃昆虫等动物性食物。营巢于低山或山脚密林和疏林中乔木树上，巢多置于隐蔽较好的低枝上，每窝产卵2枚。
- **地理分布**：国内分布较为广泛，除东北和西北一些地区外均有分布。北方的种群为繁殖鸟，南迁越冬，南方大部分为留鸟。
- **本地种群**：保护区内农田、林地、旷野、村落可见，数量尚可，春夏季节遇见率高些，为常见的留鸟。
- **遇见月份**：

1	2	3	4	5	6	7	8	9	10	11	12

珠颈斑鸠
Streptopelia chinensis

鸠鸽科 Columbidae
英文名：Spotted Dove

- **形态特征**：体长约30cm。雌雄形态相似。头灰色，头侧和颈粉红色，后颈有一大块黑色领斑，其上布满珠状的细小白色斑点，因此得名"珠颈"；上体余部褐色，羽缘较淡，下体粉红色。嘴深褐色，似山斑鸠，跗跖和趾紫红色。
- **生态习性**：栖息于林地生境、村落、公园等。常成小群活动，也与山斑鸠等混群活动。食物主要为植物种子，特别是农作物种子。营巢于树上，偶尔也在地面或者建筑上，巢甚简陋，每窝产卵2枚。
- **地理分布**：国内在南方大部分地区有分布，均为留鸟。
- **本地种群**：保护区内农田、林地、旷野、村落可见，种群数量较多，为常见的留鸟。
- **遇见月份**：

1	2	3	4	5	6	7	8	9	10	11	12

五 夜鹰目
CAPRIMULGIFORMES

夜鹰目夜鹰科鸟类通常栖于山林间，为夜行性鸟类。头大颈短，体树皮色，具有囊状斑，眼大，嘴短而基部宽阔，嘴端略具钩。白天大都蹲伏在多树山坡的草地或树枝上，多在黄昏活动，羽毛松软，飞行无声。食物以昆虫为主。

雨燕科鸟类体形较小，嘴宽阔平扁。翼尖而长，适于快速飞行，可长时间在空中飞行而很少落地。

保护区分布有2科2种。

五 夜鹰目
CAPRIMULGIFORMES

普通夜鹰
Caprimulgus indicus

夜鹰科 Caprimulgidae
英文名：Grey Nightjar

形态特征：体长约28cm。雌雄形态相似。通体几乎全为暗褐斑杂状，喉具白斑。嘴短且基部宽阔，呈三角形，偏黑；跗跖和趾纤细而弱，褐色。

生态习性：栖息于林地生境。单独或成对活动。夜行性，白天多蹲伏于林中草地上或卧伏在阴暗的树干上，故名"贴树皮"。体色和树干颜色很相似，很难发现，黄昏和晚上才出来活动，尤以黄昏时最为活跃，不停地在空中回旋飞行捕食。飞行快速而无声。主要以天牛、金龟子、甲虫、夜蛾、蚊和蚋等昆虫为食，因善于捕食蚊虫，俗称"蚊母鸟"。通常营巢于林中树下或灌木旁边地上，巢甚简陋，每窝产卵2枚。

地理分布：国内在东部及西南地区广泛分布，繁殖于东北、华北、华东和华南的绝大多数地区。

本地种群：保护区内林地可见，种群数量不多，为不常见的夏候鸟。

遇见月份：

1	2	3	4	5	6	7	8	9	10	11	12

白腰雨燕
Apus pacificus

雨燕科 Apodidae
英文名：Fork-tailed Swift

形态特征：体长约18cm。雌雄形态相似。头顶至上背具淡色羽缘，下背、两翅表面和尾上覆羽微具光泽，亦具近白色羽缘，腰白色，具细的暗褐色羽干纹，尾叉状。颏、喉白色，具细的黑褐色羽干纹。嘴、跗跖和趾黑色。

生态习性：常见于开阔区域上空飞行，常成群地在栖息地上空来回飞翔。飞行速度甚快，常边飞边叫，声音尖细。主要以各种昆虫为食，飞行中捕食。

地理分布：国内繁殖于东北、华北、华东、西藏东部及青海，有记录迁徙时见于南部、台湾、海南岛及新疆西北部。

本地种群：保护区内迁徙季节可见，为偶见的旅鸟。

遇见月份：

1	2	3	4	5	6	7	8	9	10	11	12

六 鹃形目
CUCULIFORMES

鹃形目鸟类常统称为杜鹃类。大多数为森林鸟类，树栖性，独居而不结群。嘴形尖而微拱曲，足为两趾向前、两趾向后的对趾型。食物主要为昆虫等小型动物，是典型的食虫鸟类。很多种类具有独特的巢寄生习性，即不筑巢、孵卵和抚育后代，而将卵产在其他义亲鸟类巢中，由其孵化和育雏。

保护区分布有1科5种。

六 鹃形目
CUCULIFORMES

小鸦鹃
Centropus bengalensis

杜鹃科 Cuculidae
英文名：Lesser Coucal

- **形态特征**：体长约42cm。雌雄形态差异不大。成鸟两翅栗色，翅上有亮色羽干纹，肩部明显；身体其余部分以黑色为主，多具蓝色光泽和亮黑色羽干纹，尾较长。嘴黑色；跗跖和趾铅黑色。亚成鸟与成鸟羽色差异较大，除尾黑色外，上体及翅均栗色且具褐色条纹。
- **生态习性**：通常栖息于灌木林，俗称"小毛鸡"；常单独或成对活动，行为隐蔽，受到干扰后即奔入稠茂的灌木丛或草丛中；主要以蝗虫、蠡斯等昆虫和其他小型动物为食，也吃少量植物果实与种子。营巢于茂密的灌木丛、矮竹丛和其他植物丛中，每窝产卵3～5枚。
- **地理分布**：国内夏季见于长江以南的广大地区，台湾和海南为留鸟，越冬至印度、印尼、菲律宾及东南亚地区。
- **本地种群**：保护区内林地、园林林地及芦苇湿地等生境可见，为偶见的夏候鸟。
- **遇见月份**：

1	2	3	4	5	6	7	8	9	10	11	12

噪鹃
Eudynamys scolopaceus

杜鹃科 Cuculidae
英文名：Common Koel

- **形态特征**：体长约45cm。雌雄形态差异显著。雄鸟通体黑色，具蓝色光泽，下体沾绿。雌鸟上体暗褐色，略具金属绿色光泽，满布白色小斑点；颏至上胸黑色，密被白色斑点，其余下体偏白色，具黑色横斑。嘴白色至土黄色或浅绿色，跗跖和趾蓝灰色，虹膜红色。
- **生态习性**：活动于林木茂盛的区域，居民点、村落边的疏林都有踪迹，多单独活动。常隐蔽于大树顶层茂盛的枝叶丛中，一般仅能听见其声而不见其影。以果实、种子和昆虫为食物。不营巢，具巢寄生习性。
- **地理分布**：国内广泛分布于长江流域以南地区，为夏候鸟。
- **本地种群**：保护区内林地、旷野可见，种群数量较少，为不常见的夏候鸟。
- **遇见月份**：

1	2	3	4	5	6	7	8	9	10	11	12

大鹰鹃
Herococcyx sparverioides

杜鹃科 Cuculidae
英文名：Large Hawk-Cuckoo

形态特征：体长约40cm。雌雄形态相似。头和颈侧灰色，眼先近白色，上体灰褐色，尾长，灰褐色具五道暗褐色和三道淡灰棕色带斑；喉及上胸具纵纹，下胸和腹密布横斑。嘴峰稍向下曲，暗褐色；跗跖和趾橙色至角黄色。

生态习性：栖息于林地等生境。常单独活动，多隐藏于树顶部枝叶间鸣叫，或穿梭于树干间由一棵树飞到另一棵树上。飞行时先是快速振翅飞翔，然后又滑翔。鸣声清脆响亮，为三音节。主要以昆虫为食，特别是鳞翅目幼虫、蝗虫、蚂蚁和鞘翅目昆虫。不营巢，具巢寄生行为，常将卵产于喜鹊等鸟巢中。

地理分布：国内分布于西藏南部、华中、华东、东南、西南及海南岛等地。

本地种群：保护区内村落、林地、旷野、芦苇湿地可见，

种群数量较少，为不常见的夏候鸟。

遇见月份：| 1 | 2 | 3 | 4 | 5 | 6 | 7 | 8 | 9 | 10 | 11 | 12 |

四声杜鹃
Cuculus micropterus

杜鹃科 Cuculidae
英文名：India Cuckoo

形态特征：体长约30cm。雌雄形态相似。头、颈灰色，上体余部和两翅表面深褐色；尾与背同色，但近端处具一道宽阔的黑斑；下体自下胸以后均白，杂以黑色横斑。上嘴黑色，下嘴偏绿；跗跖和趾黄色。

生态习性：栖息于林地生境。性机警，受惊后迅速起飞，飞行速度较快，每次飞行距离也较远，鸣声四声一度，因此得名。主要以昆虫为食，尤其喜吃鳞翅目幼虫，如松毛虫、蛾类等，有时也吃植物种子等少量植物性食物。不营巢，具巢寄生行为，通常将卵产于东方大苇莺、灰喜鹊、黑卷尾等巢中。

地理分布：国内夏季广泛分布于东北至西南及东南，为夏候鸟，越冬至东亚、东南亚等地。

本地种群：保护区内村落、林地、旷野、芦苇湿地可见，为常见的夏候鸟。

遇见月份：| 1 | 2 | 3 | 4 | 5 | 6 | 7 | 8 | 9 | 10 | 11 | 12 |

六 鹃形目
CUCULIFORMES

大杜鹃
Cuculus canorus

杜鹃科 Cuculidae
英文名：Common Cuckoo

形态特征：体长约32cm。雌雄形态相似。头颈部暗灰色，上体暗灰色，腰及尾上覆羽蓝灰色。颏、喉、上胸淡灰色，其余下体白色，并杂以黑暗褐色细窄横斑，胸及两胁横斑较宽。嘴黑褐色，下嘴基部近黄色；跗跖和趾棕黄色。

生态习性：栖息于林地、芦苇地等生境。常单独活动，飞行快速而有力，常站在乔木顶枝上鸣叫不息，鸣声响亮，两声一段。不营巢，具巢寄生行为，将卵产于东方大苇莺、灰喜鹊、伯劳、棕头鸦雀、棕扇尾莺等各类雀形目鸟类巢中。

地理分布：繁殖于欧亚大陆，迁徙至非洲及东南亚。国内分布于从东北至西南的大部分地区，夏候鸟。

本地种群：保护区内村落、林地、旷野、沼泽湿地可见，为常见的夏候鸟。

遇见月份：

1	2	3	4	5	6	7	8	9	10	11	12

七 鸨形目
OTIDIFORMES

鸨形目鸟类常统称为鸨类。为典型的草原、半荒漠鸟类，地栖性，擅长在地面快速奔跑。嘴粗壮，端部侧扁，基部宽，嘴峰有脊并略下弯，跗跖和趾仅有三趾，后趾消失，趾基联合处宽，形成圆厚的足垫，爪钝而平扁。杂食性，主要以植物的叶、嫩芽和种子等为食，也吃昆虫和蜥蜴、蛙、雏鸟、鼠类等小型脊椎动物。

保护区分布有1科1种。

七 鸨形目
OTIDIFORMES

大鸨
Otis tarda

鸨科 Otididae
英文名：Great Bustard

形态特征：体长约100cm。两性羽色相似，雌鸟较小。嘴短，头长、基部宽大于高。雄鸟喉部两侧有刚毛状的须状羽，头、颈及前胸灰色，其余下体栗棕色，密布宽阔的黑色横斑；雌雄鸟的两翅覆羽均为白色，在翅上形成大的白斑，飞翔时十分明显。嘴铅灰色，端部黑色；跗跖和趾褐色。

生态习性：栖息于开阔草地、农田地。机警，很难靠近，善奔走。一年中的大部分时间集群活动，形成由同性别和同年龄个体组成的群体。食物很杂，主要吃植物的嫩叶、嫩芽、嫩草、种子以及昆虫、蛙等动物性食物，有时也在农田中取食散落在地的谷粒等。

地理分布：国内西部种群见于新疆，为繁殖鸟；东部种群在内蒙古东部和东北西部繁殖，在西北、华北、淮河沿岸、长江中下游和江苏沿海滩涂一带越冬。近年来越冬地的南缘主要在黄河中下游沿岸的滩区，但与历史相比，表现出明显的北移和缩小特征。

本地种群：保护区有历史记录，冬候鸟。保护区在1985年观测到一个36只的大鸨群，1987年观测到一个100余只的大鸨群。其后近三十年保护区未记录到大鸨，未来大鸨种群是否会恢复还需持续监测。

遇见月份：

1	2	3	4	5	6	7	8	9	10	11	12

八 鹤形目
GRUIFORMES

鹤形目包括2个类群，分别是鹤类、秧鸡类。鹤类是典型的大型涉禽，具有嘴长、颈长及跗跖和趾长的"三长"特点，后趾小而高起，主要栖息在沼泽湿地生境中，以植物种实和小型动物为食。秧鸡类是中小型涉禽，一般比较隐蔽，多在植被丛茂密的湿地区域活动，以种子及小动物为食。

保护区分布有2科7种。

八 鹤形目
GRUIFORMES

普通秧鸡
Rallus indicus

秧鸡科 Rallidae
英文名：Brown-cheeked Rail

形态特征：体长约29cm。雌雄形态相似。头顶及上体褐色，上体密布纵纹，脸及颈侧浅灰色；颏白色，下颈及胸灰色，两胁具黑白色横斑。嘴近红色；跗跖和趾褐色。

生态习性：栖息于水边植被茂密处、稻田等生境。常单独行动，活动隐蔽，受惊扰后迅速逃匿，飞行时紧贴地面，两腿悬垂于身体下面，飞不多远又落入草丛中。杂食性，动物性食物包括鱼类、甲壳类、蚯蚓、蚂蟥、软体动物、蜘蛛、昆虫，植物性食物包括嫩枝、根、种子、浆果和果实。

地理分布：国内在东北地区繁殖，南迁经华北至我国东南及台湾等地越冬。

本地种群：保护区内水域、农田、芦苇等湿地生境可见，种群数量较少，为不常见的旅鸟，可能有少数个体越冬。

遇见月份：| 1	2	3	4	5	6	7	8	9	10	11	12

白胸苦恶鸟
Amaurornis phoenicurus

秧鸡科 Rallidae
英文名：White-breasted Waterhen

形态特征：体长约33cm。雌雄形态相似。上体暗石板灰色，两颊、喉以至胸、腹均为白色，与上体形成黑白分明的对照，下腹和尾下覆羽栗红色。嘴黄绿色，上嘴基部橙红色；跗跖和趾黄褐色。

生态习性：栖息于池塘、稻田等水边植被茂密处。常单独或成对活动，偶尔集成小群。多在清晨、黄昏和夜间活动，常伴随着清脆的鸣叫，叫声似"苦恶"，因此得名。食性杂，捕食昆虫、螺、鼠、蠕虫、蜘蛛、小鱼等动物性食物；也吃草籽和水生植物的嫩茎和根。

地理分布：广泛分布于东南亚、南亚及国内南方地区，一些种群迁徙到我国长江流域等地繁殖，冬季到南方越冬。

本地种群：保护区内水域、芦苇、水田等湿地生境可见，为常见的夏候鸟。

遇见月份：| 1	2	3	4	5	6	7	8	9	10	11	12

董鸡
Gallicrex cinerea

秧鸡科 Rallidae
英文名：Watercock

形态特征：体长约40cm。雌雄形态差异明显。雄鸟头顶有鸡冠样的红色额甲，其后端突起游离呈尖形，全体灰黑色，下体较浅。雌鸟体较小，额甲不突起，上体灰褐色；非繁殖期雄鸟的羽色与雌鸟相同。嘴黄绿色；跗跖和趾黄绿色。

生态习性：栖息于植被密集的浅水区域、水稻田等生境。常单独或成对活动，较为隐蔽，遇见人则立刻隐入稻田或苇塘与草丛中。叫声响亮，似敲钟声，因此得名。主要吃种子和植物的嫩枝、水稻，也吃蠕虫和软体动物、水生昆虫以及蚱蜢等。（于芦苇丛、水草丛或稻田中用芦苇、杂草或稻叶）筑巢。

地理分布：广泛分布于南亚、东南亚地区。国内华东、华中、华南、西南、海南及台湾的夏季为繁殖鸟，冬季南迁。

本地种群：保护区茂密芦苇丛、水稻田等湿地生境有分布，历史上洪泽湖地区种群数量较多，现在则为罕见的夏候鸟。

遇见月份：

1	2	3	4	5	6	7	8	9	10	11	12

黑水鸡（红骨顶）
Gallinula chloropus

秧鸡科 Rallidae
英文名：Common Moorhen

形态特征：体长约31cm。雌雄形态相似。雌鸟稍小。通体黑褐色，繁殖季节嘴基与额甲红色明显；两胁具宽阔的白色纵纹，尾下覆羽两侧也为白色，中间黑色，黑白分明。嘴黄色，跗跖和趾黄绿色，跗跖和趾上部有一鲜红色环带。

生态习性：栖息于植被密集的浅水区域、水稻田等生境。常单独或成对活动，较为隐蔽，遇见人则立刻隐入稻田或苇塘与草丛中。叫声响亮，似敲钟声，因此得名。主要吃种子和植物的嫩枝、水稻，也吃蠕虫和软体动物、水生昆虫以及蚱蜢等。用芦苇、杂草或稻叶于芦苇丛、水草丛或稻田中筑巢。

地理分布：广泛分布于国内大部分地区，包括华东、华南、西南等地区，东北、华北等北方地区为繁殖鸟，南方地区为留鸟。

本地种群：保护区内水域、河流、池塘、农田等各种生境可见，种群数量较大，为常见的留鸟，每年可繁殖1~3窝。

遇见月份：

1	2	3	4	5	6	7	8	9	10	11	12

八 鹤形目
GRUIFORMES

白骨顶（骨顶鸡）
Fulica atra

秧鸡科 Rallidae
英文名：Common Coot

形态特征：体长约40cm。雌雄形态相似。全体灰黑色，具白色额甲，雌鸟额甲较小。嘴灰白色，略带淡肉红色，趾间具瓣蹼。

生态习性：栖息于湖泊、河流、池塘等湿地生境。除繁殖期外，常成群活动，迁徙季节常成数十只，甚至上千只的大群。主要吃小鱼、虾、水生昆虫和水生植物嫩叶、幼芽、果实及各种灌木浆果与种子等。营巢于高出水面的密草丛、稻田里的秧丛中等处，通常每窝产卵8～10枚。

地理分布：广泛分布于国内大部分地区，在北方湖泊及河流为常见的繁殖鸟，冬季大量的迁至长江流域及以南区域越冬。

本地种群：保护区内湖泊、河流、池塘等湿地生境可见，冬季可监测到数百只的大群，种群数量庞大，为常见的冬候鸟，少数个体在保护区留居繁殖。

遇见月份：

1	2	3	4	5	6	7	8	9	10	11	12

白鹤
Grus leucogeranus

鹤科 Gruidae
英文名：Siberian Crane

形态特征：体长约135cm。雌雄形态相似。头顶和脸裸露无羽、鲜红色，体羽白色，初级飞羽黑色，次级飞羽和三级飞羽白色，三级飞羽延长成镰刀状，覆盖于尾上，盖住了黑色初级飞羽，因此站立时通体白色，仅飞翔时可见黑色初级飞羽。嘴、跗跖及趾暗红色。

生态习性：栖息于低水位的湖泊湿地、开阔平原和沼泽地。常单独、成对和成家族群活动，迁徙季节和冬季则常集成数十只，甚至上百只的大群，特别是在迁徙中途停息站和越冬地常集成大群。在富有植物的水边浅水处觅食。飞行时成"一"字或"人"字队形。主要以苦草、眼子菜、苔草、荸荠等植物的茎和块根为食，也吃水生植物的叶、嫩芽和少量蚌、螺等软体动物及昆虫、甲壳动物等动物性食物。

地理分布：我国主要是迁徙途经和越冬种群。南迁进入东北，沿辽河、北戴河，经山东、河南到达安徽升金湖、江西鄱阳湖，湖南东洞庭湖一带越冬。

本地种群：保护区于2016年救助过白鹤亚成体一只，在秋冬季迁徙期短暂停歇于溧河洼湿地，为罕见的过境旅鸟。

遇见月份：

1	2	3	4	5	6	7	8	9	10	11	12

丹顶鹤
Grus japonensis

鹤科 Gruidae
英文名：Red-crowned Crane

形态特征：体高约150cm。雌雄形态相似。全身近纯白色，头顶裸露无羽、呈朱红色，额和眼先微具黑羽，眼后方耳羽至枕白色，颊、喉和颈黑色；次级飞羽和三级飞羽黑色，三级飞羽长而弯曲，呈弓状，覆盖于尾上，因此，站立时尾部黑色，实际是三级飞羽，而尾、初级飞羽和整个体羽全为白色，飞翔时极明显。嘴灰绿色，尖端黄色；胫裸露部分和跗跖及趾灰黑色。

生态习性：栖息于沿海、湖泊和河流等湿地。常成对或成家族群和小群活动。迁徙季节和冬季，常由数个或数十个家族群结成较大的群体。有时集群多达40~50只，甚至100多只。食物很杂，主要有鱼、虾、水生昆虫、蝌蚪、沙蚕、蛤蜊、钉螺以及水生植物的茎、叶、块根、球茎和果实等。

地理分布：主要繁殖于黑龙江扎龙、三江平原东北部，吉林向海、辽宁辽河三角洲区域。迁徙时途经河北北戴河、山东黄河三角洲等地，多至盐城沿海湿地越冬。

本地种群：历史上洪泽湖区域有过记录，但确切数据不详。近二十年保护区未记录到丹顶鹤。2021年1月马鞍山石臼湖记录到丹顶鹤4只，为近年来少有的丹顶鹤内陆湖泊记录。保护区丹顶鹤的分布需要加强栖息地的保护及长期监测。

遇见月份：

1	2	3	4	5	6	7	8	9	10	11	12

九 鸻形目
CHARADRIIFORMES

鸻形目鸟类包括鸻鹬类及鸥类，为中小型涉禽。鸻鹬类嘴型多样，长短不一；多为4趾，少数种类后趾缺失；趾间具有半蹼或无蹼。鸥类相比之下有蹼且善飞行，更近游禽。本目鸟类主要栖息于水边、沼泽地和开阔水域。

保护区分布有7科31种。

黑翅长脚鹬
Himantopus himantopus

反嘴鹬科 Recurvirostridea
英文名：Black-winged Stilt

形态特征：体长37cm左右。雌雄形态相似。身体修长，头顶、颈背及两翼黑色，下体白色。嘴细长、黑色；跗跖和趾特别细长、红色，因此得名。

生态习性：栖息于湖泊、池塘等浅水区域。常单独、成对或小群在浅水中活动，非繁殖期也常集成较大的群，有时也进到齐腹深的水中觅食。主要以软体动物、甲壳类、环节动物、昆虫以及小鱼和蝌蚪等动物性食物为食。营巢于开阔的湖边沼泽、草地或湖中露出水面的浅滩及沼泽地上，常成群在一起营巢，通常每窝产卵4枚。

地理分布：国内繁殖于东北、内蒙古、河北、山东、河南、山西、甘肃、青海、新疆，南迁至福建、广东沿海越冬。

本地种群：保护区内湖泊浅滩等湿地生境可见，迁徙季节常见，数量甚多，集小群。为常见的旅鸟，有少数繁殖个体。

遇见月份： | 1 | 2 | 3 | 4 | 5 | 6 | 7 | 8 | 9 | 10 | 11 | 12 |

反嘴鹬
Recurvirostra avosetta

反嘴鹬科 Recurvirostridea
英文名：Pied Avocet

形态特征：体长40cm左右。雌雄形态相似。体羽黑白色，眼先、前额、头顶、枕和颈上部绒黑色或黑褐色，形成一个经眼下到后枕，然后弯下后颈的黑色帽状斑，上体其余部分和下体白色。嘴黑色，细长，显著地向上翘；跗跖和趾蓝灰色，少数个体呈粉红色或橙色。

生态习性：栖息于湖泊、池塘等浅水区域。常单独或成对活动和觅食，在越冬地和迁徙季节可集成大群。常活动在水边浅水处，边走边觅食，常将嘴伸入水中或稀泥里面，左右来回扫动觅食。主要以小型甲壳类、水生昆虫、昆虫幼虫、蠕虫和软体动物等小型无脊椎动物为食。

地理分布：国内繁殖于内蒙古、青海、新疆，南迁至长江流域以及以南福建、广东沿海地区越冬。

本地种群：保护区内湖泊浅滩等湿地生境可见，迁徙季节可见一定数量，为不常见的旅鸟。

遇见月份： | 1 | 2 | 3 | 4 | 5 | 6 | 7 | 8 | 9 | 10 | 11 | 12 |

九 鸻形目
CHARADRIIFORMES

凤头麦鸡
Vanellus vanellus

鸻科 Charadriidae
英文名：Northern Lapwing

形态特征：体长约32cm。雌雄形态相似。头顶具细长的黑色冠羽，甚为醒目，上体、两翅暗绿色或辉绿色，具棕色羽缘和金属光泽，颏、喉白色，胸部具宽阔的黑色横带，下胸和腹白色。嘴黑色；跗跖和趾肉红色或暗橙栗色。

生态习性：栖息于农田地、矮草地等生境，有时亦栖息于水边。常成群活动，冬季常集成数十的大群。主要吃甲虫等昆虫，也吃虾、蜗牛、螺、蚯蚓等小型无脊椎动物和大量杂草种子及植物嫩叶。多营巢于草地或沼泽草甸边的地面，利用地上凹坑做巢，甚简陋，通常每窝产卵4枚。

地理分布：国内繁殖于新疆、内蒙古、甘肃、青海、东北各省的大部分地区，南迁至长江流域以南各省、西藏南部及台湾等地越冬。

本地种群：保护区内农田、旷野可见，为较为常见的冬候鸟，少数繁殖个体。

遇见月份：

1	2	3	4	5	6	7	8	9	10	11	12

灰头麦鸡
Vanellus cinereus

鸻科 Charadriidae
英文名：Grey-headed Lapwing

形态特征：体长约35cm。雌雄形态相似。上体棕褐色，头颈部灰色，眼周及眼先黄色，胸部具黑色宽带，下腹及腹部白色，飞行时可见翼尖黑色，尾白色，具黑色端斑。嘴黄色，尖端黑色；跗跖和趾黄色。

生态习性：栖息于近水的开阔地、农田地等。多成双或结小群活动善飞行，常在空中上下翻飞。主要以甲虫、鞘翅目、鳞翅目等昆虫为食，也吃虾、蜗牛、螺、蚯蚓等小型无脊椎动物和大量杂草种子及植物嫩叶。营巢于离水不远的草地上，甚简陋，通常每窝产卵4枚。

地理分布：国内繁殖于东北各省，迁徙经华东和华中地区，越冬于云南、广东。

本地种群：保护区内农田、旷野可见，为常见的夏候鸟，偶见少数越冬个体。

遇见月份：

1	2	3	4	5	6	7	8	9	10	11	12

金鸻（金斑鸻） 鸻科 Charadriidae
Pluvialis fulva 英文名：Pacific Golden Plover

形态特征：体长约24cm。雌雄形态大体相似。冬夏羽色差别较大。繁殖期雄鸟体上黑色，密布金黄色斑，体下黑色，一条白色带位于上下体之间极为醒目，雌鸟黑色部分较褐且具有许多细白斑；冬季上体灰褐色，羽缘淡金黄色，下体灰白色，有不明显黄褐斑，眉线黄白色。嘴黑色；跗跖与趾浅灰黑色。

生态习性：栖息于湖泊滩涂湿地、开阔草地、农田地等生境。迁徙期成群活动，有时达数百只群。体色与草地颜色相差不大，有时很难发现。主要以昆虫、小鱼、虾、蟹和牡蛎等软体动物为食。

地理分布：在欧亚大陆北方广大地区繁殖，国内迁徙期见于东部沿海各省，越冬于福建、广东、云南、海南岛及台湾。

本地种群：保护区内农田、草地、旷野可见，为不常见的旅鸟。

遇见月份：| 1 | 2 | 3 | 4 | 5 | 6 | 7 | 8 | 9 | 10 | 11 | 12 |

金眶鸻 鸻科 Charadriidae
Charadrius dubius 英文名：Little Ringed Plover

形态特征：体长约16cm。雌雄形态相似。上体沙褐色，下体白色，有明显的白色领圈，其下有明显的黑色领圈，眼睑四周金黄色。嘴黑色；跗跖和趾橙黄色。

生态习性：栖息于浅水湿地及岸滩等湿地生境。常单只或成对活动，在迁徙季节和冬季，行走速度甚快，常边走边觅食，并伴随着一种单调而细弱的叫声。通常急速奔走一段距离后稍停，然后再向前走。主要吃昆虫、蠕虫、蜘蛛、甲壳类、软体动物等小型水生无脊椎动物。营巢于河流、湖泊岸边或河心小岛及沙洲上，也见于海滨沙石地上或水稻田间地上。

地理分布：国内广泛分布，繁殖于华北、华中及东南；迁飞途经东部省份至云南南部、海南岛、广东、福建、台湾等地越冬。

本地种群：保护区内湖泊水域、河流等湿地可见，种群数量尚可，为较为常见的夏候鸟。

遇见月份：| 1 | 2 | 3 | 4 | 5 | 6 | 7 | 8 | 9 | 10 | 11 | 12 |

九 鸻形目
CHARADRIIFORMES

环颈鸻
Charadrius alexandrinus
鸻科 Charadriidae
英文名：Kentish Plover

形态特征：全长约16cm。雌雄形态略有差异。雄鸟夏羽额前和眉纹白色；头顶前部具黑色斑，且不与黑色的贯眼纹相连，头顶向后至颈沙棕色或灰褐色，后颈具一条白色领圈，上体余部灰褐色；下体白色，胸部两侧有黑色斑块。雌鸟夏羽灰褐色或褐色取代了雄性的黑色部分；冬羽似繁殖期的雌鸟。嘴纤细，黑色；跗跖和趾淡褐色。

生态习性：栖息于浅水湿地及岸滩等湿地生境。通常单独或成小群活动，以蠕虫、昆虫、软体动物为食，兼食植物种子。营巢于河流、湖泊岸边、沙滩或卵石滩地上，每窝产卵2～4枚。

地理分布：国内繁殖于整个华东及华南沿海；越冬于长江下游及南方沿海地区。

本地种群：保护区内湖泊水域、河流等湿地生境可见，种群数量尚可，为较常见的留鸟。

遇见月份：| 1 | 2 | 3 | 4 | 5 | 6 | 7 | 8 | 9 | 10 | 11 | 12 |

铁嘴沙鸻
Charadrius leschenaultia
鸻科 Charadriidae
英文名：Greater Sand Plover

形态特征：体长约23cm。雌雄形态略有差异。雄鸟夏羽上体暗沙色，额白色，额上部有一黑色横带横跨于两眼之间，眼先和贯眼纹黑色，后颈和颈侧淡棕栗色。胸栗棕红色，往两侧延伸与后颈棕栗色相连；下体白色。雌鸟夏羽头部缺少黑色；胸部的棕栗色也淡些，胸带有时不完整；冬羽时棕红色缺失；头顶和枕部灰褐色，上体余部灰褐色，下体余部白色。嘴黑色，跗跖和趾灰色。

生态习性：栖息于泥滩及沙滩等生境，常成小群活动，偶尔也集成大群，多喜欢在水边沙滩或泥泞地上边跑边觅食，以淡水螺类等软体动物、小虾、昆虫、杂草等为食。

地理分布：国内繁殖于新疆西北部及内蒙古中部地区，迁徙经过华北、华东地区，部分个体在台湾及东南沿海地区越冬。

本地种群：保护区内湖泊、河流等岸边湿地生境可见，种群数量较少，为不常见的旅鸟。

遇见月份：| 1 | 2 | 3 | 4 | 5 | 6 | 7 | 8 | 9 | 10 | 11 | 12 |

东方鸻
Charadrius veredus

鸻科 Charadriidae
英文名：Orential Plover

形态特征：体长约24cm。雌雄形态略有差异。在夏季，雄鸟头顶、背褐色，前额、眉纹和头两侧白色，颏、喉白色，前颈棕色，胸棕栗色，其下有一黑色胸带紧靠其后，其余下体白色，雌鸟的面颊污棕色，眉纹不显，胸带沾染黄褐色，其下沿或无黑带。冬季胸部黑带消失，棕栗色胸亦更多褐色，脸和颈缀有皮黄色或淡褐色，上体具皮黄色或棕色羽缘，其余似夏羽。嘴黑色，跗跖和趾黄色或橙黄色。

生态习性：栖息于湖泊、河流岸边地带。常单独或成小群活动，多在水边浅水处和沙滩来回奔跑和觅食。主要以甲壳类、昆虫和为食。

地理分布：繁殖在东北及内蒙古、辽宁等地的草原及荒漠中的泥石滩，迁徙经华北、华东地区。

本地种群：保护区内湖泊浅滩等湿地可见，种群数量较少，为不常见的旅鸟。

遇见月份：

1	2	3	4	5	6	7	8	9	10	11	12

彩鹬
Rostratula benghalensis

彩鹬科 Rostratulidae
英文名：Greater Painted-Snipe

形态特征：体长25cm左右。雌雄形态差异较大，雌鸟较雄鸟艳丽。雄鸟上体褐色，头顶中央一黄色中央冠纹，眼周围一圈黄白色纹并向眼后延伸形成一短柄状。雌鸟上体具金属铜绿色光泽，在背两侧各形成一条金黄色纵带，头顶暗褐色、具皮黄色或红棕色中央冠纹；眼周具一白色圈环向后延伸形成一短柄，颈部棕红色，头侧栗红色；雌雄下体均白色为主。嘴黄褐色或红褐色，跗跖和趾灰绿色。

生态习性：栖息于沼泽草地及稻田。性隐秘而胆小，多在晨昏和夜间活动，白天多隐藏在草丛中，受惊时通常也一动不动地隐伏着。主要以昆虫、蝗虫、蟹、虾、蛙、蚯蚓、软体动物，植物叶、芽、种子和谷物等各种小型无脊椎动物和植物性食物为食。配偶方式为一雌多雄制，营巢于浅水外芦苇丛或水草丛中，也在水稻田中营巢。

地理分布：国内留居于西南和沿海地区，西自云南西部、西藏南部、四川中部，东抵长江下游、台湾，南至海南岛，夏季往北延伸至陕西、华北东部和东北辽宁。

本地种群：保护区湿地生境有分布，繁殖季穆敦岛荷塘及千荷园有记录，近年偶有野外记录，为偶罕见的夏候鸟。

遇见月份：

1	2	3	4	5	6	7	8	9	10	11	12

九 鸻形目
CHARADRIIFORMES

水雉
Hydrophasianus chirurgus

水雉科 Jacanidae
英文名：Pheasant-tailed Jacana

形态特征：体长33cm左右。雌雄形态相似。夏羽头、颔、喉和前颈白色，后颈金黄色，两侧延伸一条黑线，上体棕褐色具紫色光泽，胸部黑色，下体棕褐色中央尾羽特形延长，且向下弯曲。嘴、跗跖和趾暗绿色，趾、爪特别长，能轻步行走于睡莲、荷花、菱角、芡实等浮叶植物上。

生态习性：栖息于多浮叶植物的湖泊、池塘。单独或成小群活动，善行走在莲、菱角等水生植物上，有时沿水面飞行。以昆虫、虾、软体动物、甲壳类等小型无脊椎动物和水生植物为食。配偶方式为一雌多雄制，通常营巢于莲叶、芡实等大型浮叶植物上，每窝产卵4枚。

地理分布：国内分布于长江流域和东南沿海省份，有时也向北扩展到山西、河南、河北等省。

本地种群：保护区内浅水域可见，近年种群有增长趋势，为较常见的夏候鸟。

遇见月份：

1	2	3	4	5	6	7	8	9	10	11	12

针尾沙锥 Gallinago stenura

鹬科 Scolopacidae
英文名: Pintail Snipe

形态特征: 体长约24cm。雌雄形态相似。头顶中央到枕部有一条棕白色中央纹；两侧各有一条长的黄棕白色眉纹，具黑色贯眼纹。上体黑褐色，体背两侧形成两条宽阔的棕白色纵纹；颔、喉灰白色，下体余部污白色，具棕黄色和黑褐色纵纹或斑纹。嘴细长而直，尖端微下曲呈黑褐色，基部黄绿色；跗跖和趾黄绿色。

生态习性: 栖息于泥滩湿地、稻田、草地等生境。常单独或成松散的小群活动，将长嘴插入潮湿的泥中取食。遇干扰时常快步走到附近隐蔽处隐伏，或就地蹲伏，借助自身的保护色躲避，被迫飞出时，发出"嘎"的一声鸣叫，飞行速度甚快。主要以昆虫、甲壳类和软体动物等小型无脊椎动物为食，有时也吃部分农作物种子和草籽。

地理分布: 繁殖于东北亚北部地区，国内主要为过境迁徙鸟，少数个体可见于台湾、海南、福建、广东及香港等地越冬。

本地种群: 保护区内水域、岸滩、稻田、草地等生境可见，春季和秋季迁徙期可见，为不常见的旅鸟。

遇见月份:

1	2	3	4	5	6	7	8	9	10	11	12

扇尾沙锥 Gallinago gallinago

鹬科 Scolopacidae
英文名: Common Snipe

形态特征: 体长约26cm。雌雄形态相似。头顶中央有一棕红色或淡皮黄色中央冠纹，两侧各有一条淡黄白色眉纹，眼先有一黑褐色纵纹，上体棕褐色，在背部有四道宽阔的棕红色纵带；下体灰白色或纯白色，具黑褐色纵纹。嘴长而直，端部黑褐色，基部黄褐色；跗跖和趾橄榄绿色。

生态习性: 栖息于泥滩湿地、稻田、荷塘等生境。常单独或成小群活动，迁徙期间有时也集成大群。遇干扰时常就地蹲下不动，或疾速跑至附近草丛中隐蔽，逼近时突然冲出和飞起。飞行方向变换不定，常呈"S"形或锯齿状曲折飞行，经过几次急转弯后，很快升入高空，常在空中盘旋一圈后，才又急速冲入地上草丛。主要以蚂蚁、金针虫、小甲虫及鞘翅目昆虫、蜘蛛、蚯蚓和软体动物为食，偶尔也吃小鱼和杂草种子。

地理分布: 国内繁殖于中国东北及西北的天山地区，迁徙时见于大部地区，越冬在西藏南部、云南及南方的大多数地区。

本地种群: 保护区内湖泊水域、岸滩、稻田、荷塘等生境可见，数量不多，但相对来说，是所有沙锥中最为常见的一种，为较常见的旅鸟。

遇见月份:

1	2	3	4	5	6	7	8	9	10	11	12

九 鸻形目
CHARADRIIFORMES

黑尾塍鹬
Limosa limosa

鹬科 Scolopacidae
英文名：Black-tailed Godwit

形态特征：体长42cm左右。雌雄形态相似。夏羽头、颈栗棕色，眉纹乳白色，贯眼纹黑褐色，细窄而长。颏白色，喉、前颈和上胸栗棕色，腹白色，胸和两胁具黑褐色横斑。冬羽和夏羽基本相似，但上体呈灰褐色，眉纹白色，在眼前极为突出，前颈和胸灰色，其余下体白色。嘴黑色，长而直，尖端较钝，基部肉红色；跗跖和趾灰绿色或褐色。

生态习性：栖息于泥滩、沼泽等湿地生境。单独或成小群活动，冬季有时偶尔也集成大群。常在水边泥地或沼泽湿地上边走边觅食，将长长的嘴插入泥中探觅食物。主要以水生和陆生昆虫、甲壳类和软体动物为食。

地理分布：国内繁殖于新疆西北部天山及内蒙古的呼伦池及达赉湖地区，大部地区迁徙经过，少量个体于南方沿海及台湾等地越冬。

本地种群：保护区内湖泊水域、沼泽湿地可见，春季迁徙期间容易发现，但数量不多，为不常见的旅鸟。

遇见月份：

1	2	3	4	5	6	7	8	9	10	11	12

白腰杓鹬
Numenius arquata

鹬科 Scolopacidae
英文名：Eurasian Curlew

形态特征：体长约55cm。雌雄形态相似。头和上体淡褐色，多具黑褐色纵纹，下背、腰白色。颏、喉灰白色，腹、胁部白色，具粗重黑褐色斑点。嘴黑褐色，甚长而下弯，下嘴基部肉色，跗跖和趾青灰色。

生态习性：栖息于泥滩、沼泽等湿地生境。常成小群活动，活动时步履缓慢稳重，并不时地抬头四处观望，发现危险，立刻飞走，并伴随一声"gee"的鸣叫。主要以甲壳类、软体动物、蠕虫、昆虫为食，也食小鱼和蛙等。

地理分布：繁殖于我国东北及广阔的北方地区，迁徙时途经国内大多数地区，一些种群在我国东南沿海地区越冬。

本地种群：保护区内湖泊水域、沼泽、浅滩等湿地生境有分布，秋季迁徙期容易发现，为不常见的旅鸟。

遇见月份：

1	2	3	4	5	6	7	8	9	10	11	12

鹤鹬
Tringa erythropus

鹬科 Scolopacidae
英文名： Spotted Redshank

形态特征： 体长约30cm。雌雄形态相似。夏羽通体黑色，眼圈白色，在黑色的头部极为醒目，上体背部具白色羽缘，呈黑白斑驳状，整个下体纯黑色，仅两胁具白色鳞状斑；冬羽背灰褐色，腹白色，胸侧和两胁具灰褐色横斑。嘴细长、直而尖，下嘴基部红色，余为黑色；跗跖和趾细长、暗红色。

生态习性： 栖息于泥滩、沼泽等湿地生境。常单独或成分散的小群活动，多在水边沙滩、泥地、浅水处和海边潮间带边走边啄食，有时进入齐腹部的深水中，从水底啄取食物。主要以甲壳类、软体动物、水生昆虫为食。

地理分布： 在欧亚大陆北部繁殖，国内在新疆西北部天山有繁殖记录。迁徙时常见于我国中东部多数地区，在东南沿海各省、海南岛及台湾等地越冬。

本地种群： 保护区内湖泊水域、沼泽等湿地生境可见，春秋迁徙期数量尚可，为较常见的旅鸟。

遇见月份： | 1 | 2 | 3 | 4 | 5 | 6 | 7 | 8 | 9 | 10 | 11 | 12 |

红脚鹬
Tringa totanus

鹬科 Scolopacidae
英文名： Common Redshank

形态特征： 体长约28cm。雌雄形态相似。夏羽头及上体灰褐色，具黑褐色羽干纹，下体白色，胸具褐色纵纹，飞行时腰部白色明显；冬羽头与上体灰褐色，黑色羽干纹消失，头侧、颈侧与胸侧具淡褐色羽干纹，下体白色，其余似夏羽。嘴长直而尖，基部橙红色，尖端黑褐色；跗跖和趾较细长，呈橙红色。

生态习性： 栖息于泥滩、沼泽等湿地生境。单独或成小群活动，飞翔力强，受惊后立刻冲起，从低至高成弧状飞行，边飞边叫。主要以甲壳类、软体动物、环节动物、昆虫等各种小型陆栖和水生无脊椎动物为食。

地理分布： 国内繁殖于西北、青藏高原及内蒙古东部，迁徙时途经华南及华东，在长江流域及南方各省、海南岛、台湾等地越冬。

本地种群： 保护区内湖泊水域、沼泽等湿地生境可见，种群数量尚可，春秋迁徙季节容易见到，为较常见的旅鸟。

遇见月份： | 1 | 2 | 3 | 4 | 5 | 6 | 7 | 8 | 9 | 10 | 11 | 12 |

九 鸻形目
CHARADRIIFORMES

泽鹬
Tringa stagnatilis

鹬科 Scolopacidae
英文名：Marsh Sandpiper

形态特征：体长约23cm。雌雄形态相似。夏羽上体灰褐色具黑色斑，腰白色并向下呈楔形延伸，下体白色，颈、胸具细的黑色纵纹；冬羽上体浅灰色具细窄的白色羽缘，下体白色，颈侧和胸具灰褐色纵纹。嘴长、直而尖，相当纤细，黑色，基部绿灰色；跗跖和趾细长，暗灰绿色。

生态习性：栖息于泥滩、沼泽等湿地生境。常单独或成小群活动，边走边将细长的嘴插入水边沙地或泥中探觅和啄取食物，有时也用强而长的嘴在水中左右不停地摆动搜索食物。主要以水生昆虫、软体动物和甲壳类为食，也吃小鱼。

地理分布：在欧亚大陆北方繁殖，国内在内蒙古东北部呼伦池地区有繁殖，迁徙时经过我国中部及华东沿海、海南岛及台湾。

本地种群：保护区内湖泊水域、沼泽等湿地生境可见，春季迁徙期容易发现，为不常见的旅鸟。

遇见月份：| 1 | 2 | 3 | 4 | 5 | 6 | 7 | 8 | 9 | 10 | 11 | 12 |

青脚鹬
Tringa nebularia

鹬科 Scolopacidae
英文名：Common Greenshank

形态特征：体长约32cm。雌雄形态相似。夏羽头、颈、上体灰褐色或黑褐色，下背、腰及尾上覆羽白色，下胸、腹和尾下覆羽白色。冬羽头、颈白色，微具暗灰色条纹，上体淡褐灰色，下体白色，在下颈和上胸两侧具淡灰色纵纹，其余似夏羽。嘴较长，基部较粗，尖端微向上翘；跗跖和趾淡灰绿色。

生态习性：栖息于泥滩、沼泽等湿地生境。常单独、成对或成小群活动。多在水边或浅水处走走停停，步履矫健、轻盈，也会在地上急速奔跑和突然停止。主要以虾、蟹、小鱼、螺、水生昆虫为食。

地理分布：繁殖于东北亚北部地区，迁徙时见于国内大部地区，在西藏南部及长江以南、台湾及海南岛的大部分地区越冬。

本地种群：保护区内湖泊水域、沼泽等湿地生境可见，春秋迁徙季节容易发现，为较常见的旅鸟。

遇见月份：| 1 | 2 | 3 | 4 | 5 | 6 | 7 | 8 | 9 | 10 | 11 | 12 |

白腰草鹬
Tringa ochropus

鹬科 Scolopacidae
英文名：Green Sandpiper

形态特征： 体长约23cm。雌雄形态相似。夏羽眉纹白色，仅限于眼先，与白色眼周相连，上体黑褐色具白色斑点，腰和尾白色，尾具黑色横斑，下体白色，胸具黑褐色纵纹；冬季颜色较灰，胸部纵纹不明显，为淡褐色。嘴灰褐色或暗绿色，尖端黑色；跗跖和趾灰绿色。

生态习性： 栖息于泥滩、沼泽等湿地生境。常单独或成对活动，迁徙期间也常集成小群。边走边觅食，尾常上下晃动，遇有干扰亦少起飞。主要以昆虫、蜘蛛、虾、小蚌、田螺等小型无脊椎动物为食，偶尔也吃小鱼和稻谷。

地理分布： 繁殖于欧亚大陆北部，迁徙时常见于我国大部地区，越冬于我国东部大多数省份、长江流域以南的整个地区。

本地种群： 保护区内湖泊、沼泽、农田等湿地生境可见，为较常见的冬候鸟，繁殖季节可见少数个体。

遇见月份：

1	2	3	4	5	6	7	8	9	10	11	12

林鹬
Tringa glareola

鹬科 Scolopacidae
英文名：Wood Sandpiper

形态特征： 体长约20cm。雌雄形态相似。夏羽头和后颈黑褐色、具细的白色纵纹；眉纹白色，眼先黑褐色；上体黑褐色，具白色或棕黄白色斑点；颏、喉白色，前颈和上胸灰白色而杂以黑褐色纵纹，其余下体白色。冬羽和夏羽相似，但上体更灰褐。嘴较短而直，尖端黑色，基部橄榄绿色或黄绿色；跗跖和趾暗黄色。

生态习性： 栖息于泥滩、沼泽等湿地生境。常单独或成小群活动，迁徙期也集成大群。常沿水边觅食，遇到危险立即起飞，边飞边叫，降落时常两翅上举。主要以直翅目和鳞翅目昆虫、虾、蜘蛛、软体动物和甲壳类等小型无脊椎动物为食，偶尔也吃少量植物种子。

地理分布： 繁殖于欧亚大陆北部，国内黑龙江及内蒙古东部有繁殖。迁徙时常见于我国全境，越冬于海南岛、台湾、广东及香港等地，偶见于东部沿海。

本地种群： 保护区内湖泊、沼泽等湿地生境可见，春季迁徙季节容易见到，数量不多，为不常见的旅鸟。

遇见月份：

1	2	3	4	5	6	7	8	9	10	11	12

九 鸻形目
CHARADRIIFORMES

矶鹬 *Actitis hypoleucos*
鹬科 Scolopacidae
英文名：Common Sandpiper

形态特征：体长约20cm。雌雄形态相似。头、颈褐色具绿灰色光泽，具白色眉纹和黑色贯眼纹，上体黑褐色；下体白色，并沿胸侧向背部延伸，翅折叠时在翼角前方形成显著的白斑。嘴较短，暗褐色；跗跖和趾淡黄褐色。

生态习性：栖息于泥滩、沼泽等湿地生境。常单独或成对活动，非繁殖期亦成小群。在多沙石的浅水河滩或江心小岛上活动，停息时多栖于水边岩石、河中石头和其他凸出物上，停息时尾不断上下摆动。主要以昆虫为食，也吃螺、小鱼、蝌蚪等及小型脊椎动物。

地理分布：在欧亚大陆北方繁殖，国内繁殖于西北及东北；冬季南迁至长江以南地区沿海、河流及湿地。

本地种群：保护区内湖泊水域、沼泽等湿地生境可见，虽数量不多，但在迁徙和越冬季节较为常见，为较常见的冬候鸟。

遇见月份：

1	2	3	4	5	6	7	8	9	10	11	12

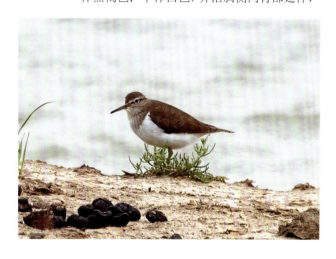

三趾滨鹬 *Calidris alba*
鹬科 Scolopacidae
英文名：Sanderling

形态特征：体长约20cm。雌雄形态相似。夏羽额基白色，头、颈、上体深栗红色具黑褐色纵纹；颏、喉白色，上胸栗红色具黑褐色纵纹，下胸、腹部白色；冬羽体色较夏羽淡，头及上体浅白色为主，下体白色，胸侧缀有灰色。嘴黑色，尖端微向下弯曲；跗跖和趾黑色。

生态习性：栖息于泥滩、沼泽等湿地生境。成群活动，也与其他鹬混群，常沿水边疾速奔跑啄食，有时也将嘴插入泥中探觅食物。主要以甲壳类、软体动物、蚊类和其他昆虫幼虫、蜘蛛等小型无脊椎动物为食，有时也吃少量植物种子。

地理分布：繁殖于北方地区，国内大部分地区为迁徙过境鸟，少量个体于华南、东南沿海及台湾的南部越冬。

本地种群：保护区内湖泊水域、沼泽等湿地生境可见，秋季迁徙期容易发现，为不常见的旅鸟。

遇见月份：

1	2	3	4	5	6	7	8	9	10	11	12

普通燕鸻
Glareola maldivarum

燕鸻科 Glareolidae
英文名：Oriental Pratincole

形态特征：体长约22cm。雌雄形态相似。夏羽头、颈及上体茶褐色；翼尖长，尾黑色，呈叉状，飞行和栖息姿势似家燕。喉乳黄色，自眼先经眼下缘，再沿头侧向下，围绕喉部形成一黑色的环形圈；颊、颈、胸黄褐色，腹白色。嘴黑色，基部较宽，嘴角红色；跗跖和趾黑褐色。

生态习性：栖息于河岸、湖边沙滩、草地、农田等开阔生境。常见长时间地在河流、湖泊和沼泽等水域上空迅速飞翔，边飞边叫，叫声尖锐，降落地面后常做短距离的奔跑。在地上缓步走动觅食，间或急速奔跑觅食，有时也在飞行中捕食。休息时多站立于土堆或沙滩上，体色和周围环境相似而不易发现。主要以金龟甲、蚱蜢、蝗虫、螳螂等昆虫，以及蟹、甲壳类等其他小型无脊椎动物为食。营巢于地面，巢甚简陋，每窝产卵2~4枚。

地理分布：国内分布于东北、华北、华中及华南等地，在东部地区繁殖，迁徙经中部地区，至东、南亚等地越冬。

本地种群：保护区内河湖岸滩、农田、旷野可见，种群数量较少，为不常见的夏候鸟。

遇见月份：

1	2	3	4	5	6	7	8	9	10	11	12
			4	5	6	7	8				

九 鸻形目
CHARADRIIFORMES

红嘴鸥
Chroicocephalus ridibundus

鸥科 Laridae
英文名：Black-headed Gull

- **形态特征**：体长约40cm。雌雄形态相似。夏羽和冬羽有明显差异，夏羽头至颈上部咖啡褐色，羽缘微沾黑，眼后缘有一星月形白斑；颏中央白色。颈下部、上背、肩、尾上覆羽和尾白色，下背、腰及翅上覆羽淡灰色；冬羽头白色，头顶、枕部沾灰，眼前缘及耳区具灰黑色斑。嘴暗红色，先端黑色；跗跖和趾赤红色，冬时转为橙黄色。
- **生态习性**：栖息于沿海和内陆水域。常成群活动，善游泳，常浮于水面或立于漂浮木或固定物上，也常在空中盘旋飞行；主要以小鱼、虾、水生昆虫、甲壳类、软体动物等水生动物为食，也吃鼠类、蜥蜴等小型陆栖动物，同时也会吃死鱼及其他小型动物尸体。
- **地理分布**：广布于欧亚大陆，国内繁殖在中国西北部天山西部地区及中国东北的湿地，在黄河以南的湖泊、河流及沿海地带越冬。
- **本地种群**：保护区内湖泊、池塘、河流等湿地生境均有分布，可见到数十只的小群，为常见的冬候鸟。
- **遇见月份**：

1	2	3	4	5	6	7	8	9	10	11	12

普通海鸥
Larus canus

鸥科 Laridae
英文名：Mew Gull

- **形态特征**：体长约43cm。雌雄形态相似。夏羽头、颈白色，背、肩石板灰色；翅上覆羽亦为石板灰色，与背同色；腰、尾上覆羽和尾羽均为纯白色；下体纯白色；冬羽与夏羽相似，唯头顶、头侧、枕和后颈具淡褐色点斑，点斑在枕部有时排列呈纵行条纹，在后颈排列呈横纹。嘴、跗跖和趾浅绿黄色。
- **生态习性**：主要栖息于沿海、河口和湖泊湿地水域。多集群活动，或在空中飞翔，低空掠过水面，或在水面游荡；主要以鱼、虾和其他甲壳类、软体动物、昆虫等水生动物为食。
- **地理分布**：分布于欧亚大陆和北美洲西北部，迁徙和越冬时较常见于我国大部分地区，长江流域及辽宁、河北、河南、四川、云南、广东、海南岛、台湾等均有分布。
- **本地种群**：保护区内湖泊开阔水域可见，数量不多，为偶见的冬候鸟。
- **遇见月份**：

1	2	3	4	5	6	7	8	9	10	11	12

西伯利亚银鸥
Larus smithsonianus

鸥科 Laridae
英文名：Siberian Gull

形态特征： 体长约62cm。雌雄形态相似。夏羽头颈和下体白色，上体浅灰色，背及翼灰色，停栖时三级飞羽可见显著的新月状白斑；冬羽头及颈具纵纹，眼区和耳覆羽为黑色，胸侧具有暗色纵纹和污斑，其余部分和夏羽非常相似。嘴黄色，下嘴具有较大的红斑；跗跖和趾粉红色。

生态习性： 栖息于沿海和内陆水域湿地生境。松散的群居性鸟类，常几十只或与其他鸥类一起活动于河道、捕捞后的鱼塘等处；以动物性食物为主，其中有水里的鱼、虾、海星和陆地上的蝗虫、蠡斯及鼠类等。

地理分布： 繁殖于俄罗斯北部和西伯利亚北部，越冬于长江流域以南、环渤海和东南沿海地区、海南及台湾等。

本地种群： 保护区湖泊开阔水域可见，种群数量较少，为偶见的冬候鸟。

遇见月份：

1	2	3	4	5	6	7	8	9	10	11	12

十 鸻形目
CHARADRIIFORMES

白额燕鸥　鸥科 Laridae
Sterna albifrons　英文名：Little Tern

形态特征：体长约24cm。雌雄形态相似。夏羽自上嘴基沿眼先上方达眼和头顶前部的额为白色，头顶至枕、后颈及眼先均黑色；眼先及贯眼纹黑色，在眼后与头及枕部的黑色相连；颏、喉及整个下体全为白色；冬羽与夏羽相似，头顶白色向后方扩大，黑色变淡变窄向后退缩。夏季嘴黄色，尖端黑色；冬季嘴黑色，基部黄色；夏季跗跖和趾橙黄色，冬季黄褐色或暗红色。

生态习性：栖息于内陆和沿海湿地水域。常成群活动，或与其他燕鸥混群。振翼快速，飞翔时嘴部垂直朝下观察，头不断左右摆动，潜水时入水快，飞升也快。主要以小鱼、虾、水生昆虫等为食。常与其他鸥类（如浮鸥、普通燕鸥）混群营巢，营巢于河流与湖泊岸边裸露的沙地、沙石地或河漫滩上，巢甚简陋；每窝产卵2～4枚，通常为3枚。

地理分布：国内繁殖于中国大部地区，内陆沿海及新疆北部、东北至西南、华南沿海和海南岛也有繁殖。

本地种群：保护区内湖泊、河口湿地可见，种群数量不多，为较常见的夏候鸟。

遇见月份：| 1	2	3	4	5	6	7	8	9	10	11	12

普通燕鸥　鸥科 Laridae
Sterna hirundo　英文名：Common Tern

形态特征：体长约36cm。雌雄形态相似。夏羽从前额经眼到后枕的整个头顶部黑色，背、肩和翅上覆羽灰色；下颈、腰、尾上覆羽和尾羽白色。下体白色，胸腹沾葡萄灰色，或沾有褐色；冬羽和夏羽相似，但前额白色；头顶前部白色，向后具黑色纵纹。嘴冬季黑色，夏季嘴基红色；跗跖和趾偏红，冬季较暗。

生态习性：栖息于沿海和内陆水域。单独或结小群活动；频繁地飞翔于水域和沼泽上空，飞行轻巧快速；有时也飘浮于水面或停歇在河滩、沼泽地休息；主要以小鱼、虾、其他甲壳类、昆虫等小型动物为食；每窝产卵3～5枚，3枚者较多。一个繁殖季节繁殖一窝。

地理分布：广泛分布于世界各地，繁殖于我国东北和中西部地区，南方越冬。

本地种群：保护区内湖泊、河口湿地可见，大部分为旅鸟，少量个体繁殖。迁徙期较常见。

遇见月份：| 1	2	3	4	5	6	7	8	9	10	11	12

灰翅浮鸥

Chlidonias hybrida

鸥科 Laridae
英文名：Whiskered Tern

形态特征： 体长约25cm。雌雄形态相似。夏羽前额到枕后的整个头顶部黑色；背部、肩部、腰及尾上覆羽和尾灰色；颏、喉和眼下缘的整个颊部白色；前颈和上胸暗灰色，下胸、腹和两胁黑色；冬羽前额白色，头顶至后颈黑色，具白色纵纹；从眼前经眼和耳覆羽到枕部具深色斑；其余上体灰色，下体近白色。嘴、跗跖和趾淡紫红色。

生态习性： 栖息于沿海和内陆水域。常成群活动；频繁地在水面上空振翅飞翔。飞行轻快而有力，有时能在空中悬停；主要以小鱼、虾、水生昆虫等水生动物为食；营群巢。通常营巢于湖泊和沼泽中水生植物堆上。每窝通常产卵3枚，多至4～5枚。卵为短卵圆形或梨形，呈绿色、淡蓝色或浅土黄色，被有浅褐色、棕色至深褐色斑或点。

地理分布： 广泛分布于欧亚大陆中部和南部，非洲中部和南部及澳大利亚；国内繁殖于东北至华南北部地区，迁徙经过东部大部地区。

本地种群： 保护区内湖泊、池塘、河流、河口湿地及农田可见，为常见的夏候鸟。繁殖期常聚集成群营巢繁殖，结群数十只至上百只。

遇见月份：

1	2	3	4	5	6	7	8	9	10	11	12

九 鸻形目
CHARADRIIFORMES

白翅浮鸥
Chlidonias leucoptera

鸥科 Laridae
英文名：White-winged Tern

形态特征：体长约24cm。雌雄形态相似。夏羽头、颈和下体前半部黑色，上体深灰色，腰羽、尾羽和尾下覆羽白色；冬羽头顶和耳羽具深色褐色斑点，上体浅灰色，下体白色，微沾灰黑色；颏、喉白色而杂有黑色斑点。嘴暗红色，冬季黑色；跗跖和趾红色，冬季暗紫红色。

生态习性：栖息于沿海和内陆水域。常成群活动。多在开阔水面或草地低空飞行，觅食时往往能通过频频鼓动两翼，使身体停浮于空中观察，嘴尖向下观察，发现食物，即刻冲下捕食。休息时多停栖于水中石头、电柱、木桩上或地上。主要以小鱼、虾、昆虫及其幼等水生动物为食。有时也在地上捕食蝗虫和其他昆虫。多营群巢，营巢于湖泊和沼泽中水生植物堆上，每窝通常产卵3枚，最多达4枚。

地理分布：欧亚大陆广泛分布；国内繁殖于新疆（天山）、内蒙古、东北全境；迁徙时经过东部大部分地区，在华南地区有越冬。

本地种群：保护区内水域、沼泽、河口湿地可见，大部分为旅鸟，一些个体在本地繁殖，春秋迁徙期偶见。

遇见月份：

1	2	3	4	5	6	7	8	9	10	11	12

十 鹳形目
CICONIIFORMES

鹳形目鸟类均为典型的涉禽，具有嘴长、颈长及跗跖和趾长的"三长"特点。主要栖息于开阔平原和低山丘陵地带的湖泊、河流、沼泽、水库和水塘岸边及其浅水处，以鱼类等动物为食物。

保护区分布有1科2种。

十 鹳形目
CICONIIFORMES

黑鹳
Ciconia nigra

鹳科 Ciconiidae
英文名：Black Stork

形态特征：体长100cm左右的大型涉禽。雌雄形态相似。成鸟嘴长而直，红色，基部较粗，往先端逐渐变细。头、颈、上体和上胸等均黑色，颈具辉亮的绿色光泽。背、肩和翅具紫色和青铜色光泽，上胸亦有紫色和绿色光泽。下胸、腹、两胁和尾下覆羽等均为白色；虹膜褐色或黑色。嘴红色，尖端较淡；跗跖和趾均深红色。

生态习性：栖息于江河、溪流、湖泊、池塘等水域岸边和附近沼泽湿地。性机警而胆小，常单独或成对活动在水边浅水处或沼泽地上，有时也成小群活动和飞翔。主要以小型鱼类为食，也吃蛙、蜥蜴、虾、蜗牛和昆虫等其他动物性食物。

地理分布：国内主要繁殖在东北、华北和西北地区；越冬在华南、西南、长江中下游和东南沿海地区。

本地种群：保护区近年在湖泊浅滩冬季有记录，为罕见的冬候鸟。2016年泗洪县曾救助过黑鹳一只，2020年12月在保护区境内溧河洼大桥南侧记录到黑鹳一只，与白琵鹭、东方白鹳混群觅食。

遇见月份：

1	2	3	4	5	6	7	8	9	10	11	12

东方白鹳
Ciconia boyciana

鹳科 Ciconiidae
英文名：Oriental Stork

形态特征：体长110cm左右。雌雄形态相似。通体大多白色，肩羽较长，黑色，并有紫铜色金属光泽；翅膀宽而长，飞羽黑色。嘴长而粗壮，黑色，仅基部缀有淡紫色或深红色；跗跖和趾红色。

生态习性：栖息于开阔湿地、农田等生境。繁殖期成对活动外，其他季节大多组成群体活动。觅食时常成对或成小群漫步在水边草地或沼泽地上，边走边啄食。飞翔时颈部向前伸直，跗跖和趾则伸到尾羽的后面。主要以小鱼、蛙、昆虫等为食。筑巢于高大乔木、高压电塔或其他建筑物上。

地理分布：国内在东北地区繁殖，越冬地集中在长江中下游的湿地湖泊。

本地种群：保护区内湖泊浅滩可见，自2016年以来有连续多年的监测记录，种群数量最高时记录到近百个个体，为较常见的冬候鸟，邻近的高邮湖有留居繁殖种群。

遇见月份：

1	2	3	4	5	6	7	8	9	10	11	12

十一 鲣鸟目
SULIFORMES

鲣鸟目多为中大型海鸟。身体呈流线型，利于俯冲或潜水捕食。体白色、浅褐色或黑色。嘴粗壮，部分物种具喉囊。全蹼足，善于捕鱼，常集群觅食，栖息于海滨、湖泊等生境。

保护区分布有1科1种。

十一 鲣鸟目
SULIFORMES

普通鸬鹚
Phalacrocorax carbo

鸬鹚科 Phalacrocoracidae
英文名：Great Cormorant

形态特征：体长约90cm。雌雄形态相似。体羽主为黑色。夏羽头、颈和羽冠黑色，具紫绿色金属光泽，并杂有白色丝状细羽；两胁各有一个三角形白斑。冬羽上体羽色与夏羽相似，但头颈无白色丝状羽，两胁无白斑。嘴长而前端钩状，上嘴黑色，嘴缘和下嘴灰白色，繁殖季节下嘴基裸露皮肤有砖红色斑，冬时喉囊变为橙黄色而具黑斑；跗跖和趾黑色。

生态习性：栖息于湖泊、河流、沿海湿地。常成群活动。善游泳和潜水，游泳时颈向上伸得很直、头微向上倾斜，潜水时首先半跃出水面、再翻身潜入水下。飞行时头颈和跗跖和趾均伸直。以各种鱼类、虾等为食，潜水捕食。

地理分布：国内广泛分布于西北、东北、沿海省份，北方繁殖的种群冬季迁徙到长江以南地区及台湾和海南越冬。

本地种群：保护区境内较常见，迁徙季节数量较多，常

见数十只至上百只的大群，为常见的旅鸟，一些个体在此越冬。

遇见月份：

1	2	3	4	5	6	7	8	9	10	11	12

十二 鹈形目
PELECANIFORMES

鹈形目鸟类嘴长,善于捕鱼,常集群活动,包括鹈鹕类游禽,鹭类和鹮类涉禽。游禽具有蹼足,通常在开阔水域栖息;涉禽具有"嘴长、颈长、脚长"的特点,适宜在浅水水域活动。

保护区分布有2科14种。

十二 鹈形目
PELECANIFORMES

白琵鹭
Platalea leucorodia

鹮科 Threskiornithidae
英文名：Eurasian Spoonbill

形态特征：体长约80cm。雌雄形态相似。夏羽全身白色，头后枕部具橙黄色发丝状冠羽，前额下部具橙黄色颈环，颏和上喉裸露无羽、呈橙黄色；冬羽和夏羽相似，全身白色，头后枕部无羽冠，前颈下部亦无橙黄色颈环。嘴长而直，上下扁平，前端扩大呈匙状，黑色，端部黄色；跗跖和趾黑色。

生态习性：栖息于河口、江边及湖泊和沿海湿地的浅水区域。常成群活动，偶见单只。性机警畏人，很难接近。主要以小鱼、虾、蟹、水生昆虫、软体动物、蛙、蝌蚪、蜥蜴等小型动物为食，偶尔也吃少量植物性食物。主要在早晨、黄昏和晚上觅食。觅食时长嘴插进水中，半张着嘴，在浅水一边涉水前进一边左右晃动头部扫荡，通过触觉捕捉水底层的各种生物，捕到后就把长嘴提出水面，将食物吞吃，觅食的姿态甚为特殊。

地理分布：国内夏季分布于新疆和东北各省，越冬于长江下游、江西、广东、福建和台湾等东南沿海及其附近岛屿。

本地种群：保护区内湖泊浅滩和沼泽湿地可见，冬候鸟，偶见。迁徙期易观察到10～20只的群体。

遇见月份：

1	2	3	4	5	6	7	8	9	10	11	12

黑脸琵鹭
Platalea minor

鹮科 Threskiornithidae
英文名：Black-faced Spoonbill

形态特征：体长75cm左右。雌雄形态相似。通体白色，额、围眼部、下颏裸露，白头顶至后枕具明显的白色羽冠，稍沾些黄色。繁殖期间头后枕部有长而呈发丝状的金黄色冠羽，前颈下面和上胸有一条宽的黄色颈环；非繁殖期冠羽较短，白色或淡黄色，前颈下部亦无黄色颈环。嘴黑色；跗跖和趾黑色。

生态习性：栖息于河口、江边及湖泊和沿海湿地的浅水区域。常单独或呈小群在水域岸边浅水处活动。主要以小鱼、虾、蟹、昆虫为食。单独或成小群觅食，觅食方式与白琵鹭相似。

地理分布：主要繁殖于朝鲜半岛西部岛屿上，国内在大连石城岛有繁殖记录，也可能繁殖于东北地区，越冬于广东、香港、海南、福建和台湾等地。

本地种群：保护区内水域和沼泽湿地可见，常与白琵鹭混群，但数量稀少，迁徙季节偶见的旅鸟。

遇见月份：

1	2	3	4	5	6	7	8	9	10	11	12

大麻鳽
Botaurus stellaris

鹭科 Ardeidae
英文名：Eurasian Bittern

形态特征：体长75cm左右。雌雄形态相似。体形粗壮，额、顶棕黑色，颊部棕黑且向后延伸，颈侧及后颈淡棕黄色并具暗褐色细横斑；上体黄褐色并具黑褐色纵纹；颏、喉棕白色，中央具一棕褐色纵条纹；下体棕黄色，上胸具棕褐色粗纵纹，腹部具黑褐色纵条纹。嘴黄色，嘴脊前端黄褐色；跗跖和趾黄绿色。

生态习性：栖息于河流、湖泊、池塘的芦苇丛及沼泽地中。夜行性，多在黄昏和晚上活动，白天多隐蔽在水边芦苇丛和草丛中。受惊时常在草丛或芦苇丛站立不动，头、颈向上垂直伸直，嘴尖朝向天空，和四周枯草、芦苇融为一体，不易被发现。主要以鱼、虾、蛙、蟹、螺、水生昆虫等动物性食物为食。

地理分布：国内繁殖于新疆西部、黑龙江、辽宁和河北，在长江流域及以南地区为冬候鸟或旅鸟。

本地种群：保护区内湖泊浅滩，河口芦苇地可见，有多年连续监测记录，种群数量不多，为不常见的冬候鸟。

遇见月份：

1	2	3	4	5	6	7	8	9	10	11	12

黄苇鳽（黄斑苇鳽）
Ixobrychus sinensis

鹭科 Ardeidae
英文名：Yellow Bittern

形态特征：体长33cm左右。雌雄形态差异不大。雄鸟头顶及羽冠黑色，颊及颈侧棕黄色，后颈棕红色；上体棕灰色，翼上覆羽淡土黄色；飞羽黑色，羽端略沾棕；颏、喉近白色，下体余部淡棕黄色，胸侧羽缘栗红色；尾羽黑色。雌鸟似雄鸟，但头顶为栗褐色，具黑色纵纹。嘴淡黄色，先端褐色；跗跖和趾淡黄绿色。

生态习性：栖息于湖泊、水库附近的稻田、芦苇丛、沼泽草地及滩涂中。常单独或成对活动。常见沿水面掠飞，停歇在芦苇茎上。主要以小鱼、虾、蛙、水生昆虫等动物性食物为食。营巢于浅水处芦苇丛和蒲草丛中，每窝产卵数4～7枚。

地理分布：国内分布于黑龙江南部以南、陕西、甘肃、四川、云南以东各省；大部分地区为夏候鸟；台湾、广东、海南为留鸟。

本地种群：保护区内湖泊浅滩、河口芦苇地可见，较常见的夏候鸟。

遇见月份：

1	2	3	4	5	6	7	8	9	10	11	12

十二 鹈形目
PELECANIFORMES

栗苇鳽
Ixobrychus cinnamomeus

鹭科 Ardeidae
英文名：Cinnamon Bittern

形态特征：体长40cm左右。雌雄形态差异不大。雄鸟上体栗红色；下体栗黄色杂以少量黑棕羽；喉白色，至胸有栗黄斑与黑斑相杂的纵纹。雌鸟头顶棕黑色；上体栗棕色；下体棕黄色，杂以黑褐色纵纹。嘴黄色，嘴峰黑褐色；跗跖和趾黄绿色。

生态习性：栖息于低海拔的芦苇丛、沼泽草地及滩涂。常单独或少数几只在稻田中或池塘、河坝附近活动。以小鱼、蛙类和昆虫为食，兼食植物种子。在湿地草丛或芦苇丛中营巢。巢由芦苇茎叶及杂草构成，每窝产卵数4~6枚。

地理分布：国内台湾、广东、贵州、海南为留鸟；辽宁、河北、河南、安徽、陕西南部、四川中部及西南部，云南东南部及西部，以及长江中下游以南各地为夏候鸟。

本地种群：保护区内湖泊浅滩和沼泽湿地可见，数量较少，为野外偶见的夏候鸟。

遇见月份：

1	2	3	4	5	6	7	8	9	10	11	12

黑苇鳽
Dupetor flavicollis

鹭科 Ardeidae
英文名：Black Bittern

形态特征：体长55cm左右。雌雄形态差异不大。雄鸟头顶、羽冠、上体、翅及尾均暗蓝黑色而带金属光泽；腹部棕黑色，喉白色而有栗红色点斑，颈部黑、白、栗斑相杂，胸部黑色杂以白色纵条纹。雌鸟额黑色，向后转为暗栗棕色，颊部棕黄，耳羽栗红；喉白杂以栗斑，颈、胸栗色杂以黑白条斑；下胸暗棕灰色，至腹部变淡，翅及尾棕黑。嘴棕褐色，基部沾绿；跗跖和趾暗褐色。

生态习性：栖息于芦苇丛、沼泽、滩涂等湿地生境。单独或成对活动。以小鱼、虾类及水生昆虫为食。营巢于水域岸边沼泽地的芦苇丛、灌丛、竹林，每窝产卵3~6枚。

地理分布：国内分布于长江以南地区及台湾、海南岛；偶见于甘肃、陕西和河南的南部。

本地种群：保护区内湖泊浅滩和沼泽湿地可见，数量十分稀少，为偶见的夏候鸟。

遇见月份：

1	2	3	4	5	6	7	8	9	10	11	12

夜鹭
Nycticorax nycticorax

鹭科 Ardeidae
英文名： Black-crowned Night Heron

形态特征： 体长58cm左右。雌雄形态相似。体较粗胖，颈较短；额基白色，头顶、肩背部黑蓝色且具金属光泽，枕后具2～3根辫状白色冠羽；上体余部、颈侧及翼羽灰色，下体白色。嘴黑褐色；跗跖及趾黄色。

生态习性： 栖息于低山农田、平川河坝、池塘、沼泽地或红树林。喜结群，常成小群于晨昏和夜间活动，白天隐藏于密林中僻静处。主要以鱼、蛙、虾、水生昆虫等动物性食物为食。营巢于阔叶林或针阔混交林的树冠上或沼泽灌丛中，多营群巢；每窝产卵数3～8枚。

地理分布： 国内分布于新疆南部，黑龙江、吉林、辽宁、河北、陕西、四川、云南等省，以及海南岛、台湾。

本地种群： 保护区内湖泊、池塘、河流等湿地生境均有分布，种群数量较大，为常见的留鸟。

遇见月份：

1	2	3	4	5	6	7	8	9	10	11	12

十二 鹈形目
PELECANIFORMES

池鹭
Ardeola bacchus

鹭科 Ardeidae
英文名：Chinese Pond Heron

形态特征：体长约47cm。雌雄形态相似。夏羽头、头侧、冠羽、颈和前胸与胸侧粟红色；冠羽甚长，一直延伸到背部；肩背部羽毛蓝黑色呈披针形，一直延伸到尾。冬羽头顶白色而具密集的褐色条纹，颈淡皮黄色而具褐色条纹，背和肩羽较夏羽为短，暗棕褐色。嘴黄色，尖端黑色，基部蓝色；跗跖和趾黄绿色。

生态习性：栖息于池塘、沼泽及稻田中。常单独或成小群活动，有时也集成多达数十只的大群在一起，性较大胆。以动物性食物为主，包括鱼、虾、螺、蛙、水生昆虫和蝗虫等，兼食少量植物性食物。繁殖时常和其他鹭类在一起营群巢，巢位于树林或竹林内，每窝产卵2～5枚。

地理分布：国内分布于吉林、河北、陕西、甘肃、青海、四川、西藏等地以及海南岛、台湾。

本地种群：保护区内湖泊、池塘、河流等湿地生境均有分布，种群数量较大，为常见的夏候鸟。

遇见月份：

1	2	3	4	5	6	7	8	9	10	11	12

牛背鹭 　　鹭科 Ardeidae
Bubulcus ibis　　英文名：Cattle Egret

形态特征：体长约50cm。雌雄形态相似。体较肥胖，嘴和颈较短粗。夏羽头、颈和上胸橙黄色，前颈基部和背中央具羽枝分散成发状的橙黄色长形饰羽；前颈饰羽长达胸部，背部饰羽向后长达尾部，尾和其余体羽白色；冬羽通体全白色，个别头顶缀有黄色，无发丝状饰羽。嘴黄色；跗跖及趾褐色。

生态习性：栖息于低山、平原的稻田、牧场及沼泽地。常成对或小群活动。常伴随牛活动，喜欢站在牛背上或跟随在耕田的牛后面啄食翻耕出来的昆虫和牛背上的寄生虫。繁殖时常和其他鹭类在一起营群巢，营巢于近水的大树、竹林或杉林。每窝产卵4～9枚，多为5～7枚，卵浅蓝色、光滑无斑。

地理分布：国内分布于陕西、四川、西藏南部等南方各省，包括海南岛及台湾。偶见于北京、吉林延边、辽宁大连及山东威海。

本地种群：保护区内湖泊、池塘、河流等湿地生境均有分布，种群数量较多，为常见的夏候鸟，冬季偶有少量个体记录。

遇见月份： | 1 | 2 | 3 | 4 | 5 | 6 | 7 | 8 | 9 | 10 | 11 | 12 |

苍鹭 　　鹭科 Ardeidae
Ardea cinerea　　英文名：Grey Heron

形态特征：体长75～105cm。雌雄形态相似。雄鸟头部和颈部白色，眼纹、枕部及羽冠黑色，前颈的中部具2～3行黑色纵纹，胸前具白色矛状羽，胸侧的黑纵纹向后延伸至肛周，背部苍灰色；下体白色，两胁灰色。雌鸟体形略小于雄鸟，黑色羽冠较短，胸侧的紫黑色块斑不明显。嘴、跗跖及趾均黄色。

生态习性：栖息于低山和平原地区的湖泊、沼泽、河流、滩涂及稻田生境中。常单个或成对站在浅水处，颈缩至两肩间，跗跖和趾亦常缩起一只于腹下。飞行时颈向后缩成"S"形，两翅鼓动缓慢。食性以鱼为主，兼食虾类及水生昆虫，有时也在湿地寻食陆生昆虫、鼠类和蛙类。繁殖期在4～6月，多集群营巢在水域附近的岩壁、树上或芦苇丛中，有时与白鹭、池鹭等混群营巢，每窝产卵3～6枚。

地理分布：遍布全国各地，通常在南方繁殖的种群不迁徙，在东北等地繁殖的种群冬季迁到华中、华南等地区越冬。

本地种群：保护区内湖泊、池塘、河流等湿地生境均有分布，为较常见的冬候鸟，一些个体在保护区繁殖。

遇见月份： | 1 | 2 | 3 | 4 | 5 | 6 | 7 | 8 | 9 | 10 | 11 | 12 |

十二 鹈形目 PELECANIFORMES

草鹭 *Ardea purpurea*
鹭科 Ardeidae
英文名：Purple Heron

形态特征：体长80～94cm。雌雄形态相似。头顶黑，有羽冠及延长的羽冠带；颏、喉白色；前颈栗红色，后颈银灰色；上胸有白色杂黑灰色的蓑羽，下胸两侧深栗红色，两胁灰色，腹中部黑色；肩羽栗紫色，背、腰暗灰色。嘴暗黄色，上嘴先端角褐色；跗跖前缘栗褐色，后缘角黄色，趾赤褐色。

生态习性：栖息于沼泽、湖泊、稻田等地。单独或成对活动，常在水边浅水处低头觅食，有时也长时间地站立不动，或收起一条腿。飞行时颈向后缩成"S"形，头缩至两肩之间，两翅鼓动缓慢、腿向后直伸。主要以小鱼、蛙、甲壳类等动物性食物为食。集群营巢在松、榆树上或芦苇、杂草丛中，每窝产卵3～6枚。

地理分布：遍布我国东部及东南部，大部分地区为夏候

鸟；云南为留鸟；广东、香港、广西、台湾为旅鸟或冬候鸟。

本地种群：保护区内湖泊、池塘、河流等湿地生境均有分布，为较常见的夏候鸟。

遇见月份：

1	2	3	4	5	6	7	8	9	10	11	12

大白鹭 *Ardea alba*
鹭科 Ardeidae
英文名：Great Egret

形态特征：体长94～104cm。雌雄形态相似。通体全白，繁殖期间肩背部着生有长直、松散的蓑羽，一直向后延伸到尾端；嘴和眼先黑色，嘴角有一条黑线直达眼后；冬羽和夏羽相似。全身亦为白色，但前颈下部和肩背部无长的蓑羽、嘴和眼先为黄色。胫裸出部肉红色，跗跖和趾黑色。

生态习性：栖息于稻田、湖泊、河流及沼泽生境。常单只或小群活动，在水边浅水处觅食，步行时颈收缩成"S"形。主要以小鱼、蛙、甲壳类等动物性食物为食。常与白鹭、池鹭等混群筑巢于高大树木上或芦苇丛中，巢以枯枝、干草搭成，垫以杂草和叶片。每窝产卵3～6枚，多为4枚。

地理分布：国内繁殖于东北地区、新疆中部和西部、福建西北部及云南东南部；在南方大部分地区

为旅鸟或冬候鸟。

本地种群：保护区内湖泊、池塘、河流等湿地生境均有分布，为常见的冬候鸟，夏季也有少量个体留居繁殖。

遇见月份：

1	2	3	4	5	6	7	8	9	10	11	12

中白鹭 *Ardea intermedia*

鹭科 Ardeidae
英文名：Intermediate Egret

形态特征： 体长约68cm，大小介于大白鹭和白鹭之间。雌雄形态相似。全身白色，夏羽背和前颈下部有长的披针形饰羽；嘴黑色。冬羽背和前颈无饰羽；嘴黄色，先端黑色；嘴基及眼先裸部绿黄色。跗跖和趾黑色。

生态习性： 栖息于稻田、湖泊、沼泽及滩涂。常结小群活动于稻田或溪边，也常与大白鹭、白鹭、牛背鹭等混群活动。以鱼类、蛙类及昆虫等为食。通常与其他鹭类在一起营群巢，在村寨附近的乔木或竹林上筑巢，每窝产卵数2～5枚，卵呈蓝绿色。

地理分布： 国内在甘肃、山东、河南、江苏、上海、浙江、江西、湖北、四川、贵州、福建为夏候鸟；云南为留鸟；广东、海南、台湾为冬候鸟。

本地种群： 保护区内湖泊、池塘、河流等湿地生境均有分布，为常见的夏候鸟，冬季也有少量个体留居。

遇见月份： | 1 | 2 | 3 | 4 | 5 | 6 | 7 | 8 | 9 | 10 | 11 | 12 |

白鹭 *Egretta garzetta*

鹭科 Ardeidae
英文名：Little Egret

形态特征： 体长约60cm，体态纤瘦而较小。雌雄形态相似。全身白色，夏羽枕部着生两条狭长而软的矛状羽，状若头后的两条辫子；肩和背部着生羽枝分散的长形蓑羽，一直向后伸展至尾端；冬羽全身为乳白色，但头部冠羽，肩、背和前颈的蓑羽或矛状饰羽均消失。嘴黑色。眼先裸出部分夏季粉红色，冬季黄绿色；胫和跗跖黑绿色，趾黄绿色。

生态习性： 栖息于稻田、湖泊、沼泽及滩涂等湿地生境。喜集群，常小群活动于水边浅水处。以小鱼、蛙、虾及昆虫等为食，也吃少量谷物等植物性食物。繁殖时常和其他鹭类一起混群营巢，巢位于树林或竹林内，每窝产卵3～6枚。

地理分布： 国内分布于四川、陕西南部、河南、江苏及长江以南各省（夏候鸟或留鸟）；海南岛、台湾（留鸟）。

本地种群： 保护区内湖泊、池塘、河流等湿地生境均有分布，种群数量多，为常见的留鸟，鹭类中最常见的一种。

遇见月份： | 1 | 2 | 3 | 4 | 5 | 6 | 7 | 8 | 9 | 10 | 11 | 12 |

十三 鹰形目
ACCIPITRIFORMES

鹰形目鸟类均为肉食性猛禽。嘴强健，上嘴啮缘锋利，先端勾曲。嘴基有蜡膜，鼻孔明显裸露。跗跖和趾强壮，趾端的钩爪强大，通常后爪最长。栖息环境多样，包括森林、湿地、农田、村落等。白天活动，视觉敏锐，能捕获大于自身的猎物。

保护区分布有2科11种。

鹗 *Pandion haliaetus*

鹗科 Pandionidae
英文名： Osprey

形态特征： 体长约55cm。雌雄形态相似。头、前额及下体白色，具明显黑色贯眼纹，且延伸至枕部；上体多暗褐色；胸部具褐色斑块，腹部白色且无斑；跗跖和趾有锐爪，趾底布满齿，外趾能前后反转，适于捕鱼。虹膜黄色；嘴黑色；跗跖和趾黄色。

生态习性： 栖息于湖泊、河流、海岸或开阔地，常见在江河、湖沼及海滨一带飞翔。常单独或成对活动，迁徙期间也常集成3～5只的小群，多在水面缓慢的低空飞行，有时也在高空翱翔和盘旋。停息时多在水域的岸边枯树上或电线杆上。主要以鱼类为食，有时也捕食蛙、蜥蜴、小型鸟类等其他小型陆栖动物。

地理分布： 遍及全国各地。

本地种群： 保护区内湖泊、河口等湿地生境可见，种群数量少，为偶见的旅鸟，冬季有时能发现少数个体。

遇见月份： | 1 | 2 | 3 | 4 | 5 | 6 | 7 | 8 | 9 | 10 | 11 | 12 |

黑翅鸢 *Elanus caeruleus*

鹰科 Accipitridae
英文名： Black-winged Kite

形态特征： 体长约30cm。雌雄形态相似。前额白色，到头顶逐渐变为灰色；后颈、背、肩、腰，一直到尾上覆羽蓝灰色；下体白色；眼先和眼周具黑斑，肩部亦有黑斑，飞翔时初级飞羽下面黑色，和白色的下体形成鲜明对照；平尾较短，中间稍凹，呈浅叉状。虹膜血红色；嘴黑色；跗跖和趾深黄色。

生态习性： 栖息于林缘的开阔原野、农田、疏林和草原地区。常单独在早晨和黄昏活动，白天常见停息在大树树梢或电线杆上，在空中盘旋、翱翔时将两翅上举成"V"字形滑翔，发现地面食物时突然直扑而下。主要以鼠类、昆虫、小鸟、野兔和爬行类为食。营巢于平原或山地丘陵地区的树上或高的灌木上，每窝产卵3～5枚。

地理分布： 国内分布于华南、华东、西南等地，偶有个体北至华北地区；南方地区多为留鸟；北方地区为夏候鸟，南迁越冬。

本地种群： 保护区内农田、旷野、湖泊浅滩及林地可见，为偶见的夏候鸟，冬季有时能发现少数个体。

遇见月份： | 1 | 2 | 3 | 4 | 5 | 6 | 7 | 8 | 9 | 10 | 11 | 12 |

十三 鹰形目
ACCIPITRIFORMES

黑冠鹃隼
Aviceda leuphotes

鹰科 Accipitridae
英文名：Black Baza

形态特征：体长约32cm。雌雄形态相似。整体黑白两色，头上常直立黑色的长冠羽；整体体羽黑色，胸具白色宽纹，翼具白斑，腹部具深栗色横纹。虹膜紫红色。嘴铅黑色，跗跖和趾灰色。

生态习性：栖息于平原低山丘陵和高山森林地带，也出现于疏林草坡、村庄和林缘田间地带。常单独活动，清晨和黄昏较为活跃。主要以蝗虫、蚱蜢、蝉、蚂蚁等昆虫为食，也吃蝙蝠、鼠类、蜥蜴和蛙等小型脊椎动物。

地理分布：国外分布于南亚、东亚、东南亚等地区；国内见于长江流域及以南地区。

本地种群：保护区林地生境可见，近年有连续监测记录，但数量较少，为罕见的夏候鸟或旅鸟。

遇见月份：| 1	2	3	4	5	6	7	8	9	10	11	12

秃鹫
Aegypius monachus

鹰科 Accipitridae
英文名：Cinereous Vulture

形态特征：体长约100cm。雌雄形态相似。通体黑褐色，头裸出，仅被有短的黑褐色绒羽；后颈完全裸出无羽；颈基部被有长的黑色或淡褐白色羽簇形成的翎领；两翼长而宽，具平行的翼缘，后缘明显内凹，翼尖的七枚飞羽散开呈深叉形。虹膜褐色；嘴端黑褐色；跗跖和趾灰色。

生态习性：主要栖息于低山丘陵和高山荒原与森林中的荒岩草地、山谷溪流和林缘地带。常单独活动，偶尔也成小群。主要以大型动物的尸体为食，常在开阔而较裸露的山地和平原上空翱翔，窥视动物尸体。偶尔也沿山地低空飞行，主动攻击中小型兽类，有时也袭击家畜。

地理分布：国外分布于非洲北部、欧洲南部、西亚、中亚、东亚等地区；国内见于大部分地区，新疆西部、青海南部及东部、甘肃、宁夏、内蒙西部、四川北部繁殖，其他地区零星分布。

本地种群：近年来保护区有零星监测和救护记录，最近的一次救护在2021年6月。

遇见月份：| 1	2	3	4	5	6	7	8	9	10	11	12

雀鹰 *Accipiter nisus*

鹰科 Accipitridae
英文名：Eurasian Sparrowhawk

形态特征：体长约35cm。雌雄形态差异不大。雄鸟上体暗灰色，头后杂有少许白色；下体白色或淡灰白色。雄鸟具细密的红褐色横斑；翼上、背部灰蓝色。雌鸟较雄鸟大；头部棕褐色，具较明显白色眉纹；胸部、腹部雌鸟具褐色横斑。尾具4~5道黑褐色横斑，飞翔时翼后缘略为突出，翼下飞羽具数道黑褐色横带。蜡膜雄鸟橙红色；雌鸟、幼鸟黄色；嘴暗铅灰色、尖端黑色；跗跖和趾黄色。

生态习性：栖息于针叶林、混交林、阔叶林等山地森林和林缘地带，冬季主要栖息于低山丘陵、山脚平原、农田地边以及村庄附近。常单独活动。或飞翔于空中，或栖于树上和电杆上。主要以鸟、昆虫和鼠类等为食，和鸠鸽类和鹑鸡类等体形稍大的鸟类和野兔、蛇等。

地理分布：国外分布于欧亚大陆，非洲北部。繁殖于中国东北各省及新疆西北部，西南地区为留鸟；东部为冬候鸟或旅鸟。

本地种群：保护区内农田、旷野、林地可见，旅鸟，少数个体越冬，偶见。

遇见月份：

1	2	3	4	5	6	7	8	9	10	11	12

苍鹰 *Accipiter gentilis*

鹰科 Accipitridae
英文名：Northern Goshawk

形态特征：体长约55cm。雌雄形态相似。成鸟前额、头顶、枕和头侧黑褐色；眉纹白而具黑色羽干纹；耳羽黑色；上体到尾灰褐色；胸部、腹部较白，密布灰褐色横斑；飞羽有暗褐色横斑；尾灰褐色，具3~5道黑褐色横斑。虹膜橙红色；嘴黑基部沾蓝；跗跖和趾黄色。

生态习性：栖息于林地生境，也见于平原和丘陵地带的疏林内。常单独活动，叫声尖锐洪亮。多隐蔽在森林中树枝间，飞行快而灵活，能在林中穿行于树丛间。主要以鼠类、野兔、雉类、鸠鸽类和其他中小型鸟类为食物。

地理分布：广布于欧亚大陆及北美。国内繁殖于东北、西北和西南部分地区；越冬于我国南方和东部沿海地区。

本地种群：保护区内农田、旷野、林地可见，有连续多年监测记录，但数量较少，为不常见的旅鸟，一些个体越冬。

遇见月份：

1	2	3	4	5	6	7	8	9	10	11	12

十三 鹰形目 ACCIPITRIFORMES

白腹鹞 *Circus spilonotus*

鹰科 Accipitridae
英文名：Eastern Marsh Harrier

- **形态特征**：体长约55cm。雌雄形态差异显著。雄鸟头顶至上背白色，具宽阔的黑褐色纵纹；上体黑褐色，具污灰白色斑点；下体近白色，微缀皮黄色，喉和胸具黑褐色纵纹。雌鸟暗褐色，头顶至后颈皮黄白色，具锈色纵纹；飞羽暗褐色，尾羽黑褐色。虹膜橙黄色；嘴黑褐色，嘴基淡黄色；跗跖和趾淡黄绿色。
- **生态习性**：栖息于湿地。白天活动，性机警而孤独，常单独或成对活动。多见在沼泽和芦苇上空低空飞行，两翅向上举成浅"V"字形，缓慢而长时间地滑翔，偶尔扇动几下翅膀。主要以小型鸟类、啮齿类、爬行类和大型昆虫为食，有时也在水面捕食各种中小型水鸟和地上的雏类等。
- **地理分布**：国内繁殖于东北、华北地区。冬季南迁至长江流域及其以南地区。
- **本地种群**：保护区内水域和沼泽湿地可见，数量不多，为不常见的冬候鸟。
- **遇见月份**：| 1 | 2 | 3 | 4 | 5 | 6 | 7 | 8 | 9 | 10 | 11 | 12 |

白尾鹞 *Circus cyaneus*

鹰科 Accipitridae
英文名：Hen Harrier

- **形态特征**：体长约50cm。雌雄形态差异显著。雄鸟整体灰色；上体蓝灰色、头和胸较暗，翅尖黑色，尾上覆羽白色，腹、两胁白色。雌鸟整体暗褐色，尾上覆羽白色，下体皮黄白色或棕黄褐色，杂以粗的红褐色或暗棕褐色纵纹。虹膜黄色。嘴黑色，基部蓝灰色；跗跖和趾黄色。
- **生态习性**：栖息于平原和低山丘陵地带，尤其是湖泊、沼泽、河谷、草原农田和芦苇塘等开阔地区，冬季有时也到村落附近的水田、草坡和疏林地带活动。常单独或成对活动。白天活动和觅食，尤以早晨和黄昏最为活跃。主要以小型鸟类、鼠类、蛙、蜥蜴和大型昆虫等动物性食物为食。
- **地理分布**：国内繁殖于东北和西北地区。迁徙时大部分地区可见，越冬于长江流域及其以南地区。
- **本地种群**：保护区内水域和沼泽湿地可见，为不常见的冬候鸟或旅鸟。
- **遇见月份**：| 1 | 2 | 3 | 4 | 5 | 6 | 7 | 8 | 9 | 10 | 11 | 12 |

鹊鹞
Circus melanoleucos

鹰科 Accipitridae
英文名：Pied Harrier

形态特征：体长约43cm。雌雄形态差异显著。雄鸟整体为黑白两色；头、颈部及胸部黑色而无纵纹；腹部、尾羽、尾上覆羽白色。雌鸟上体褐色沾灰并具纵纹，腰白色，尾具横斑，下体皮黄色具棕色纵纹；飞羽下面具近黑色横斑；虹膜黄色；嘴灰黑色；跗跖和趾橘黄色。

生态习性：栖息于多草沼泽或芦苇地。常单独活动，多在林边草地和灌丛上空低空飞行。上午和黄昏时为活动的高峰期，夜间在草丛中休息。主要以小鸟、鼠类、林蛙、蜥蜴、蛇和昆虫等小型动物为食。

地理分布：国内繁殖于东北，越冬于长江以南地区，迁徙时见于东部地区。

本地种群：保护区内农田、旷野、林地、湿地可见，为旅鸟，少数个体越冬，偶见。

遇见月份：

1	2	3	4	5	6	7	8	9	10	11	12

黑鸢
Milvus migrans

鹰科 Accipitridae
英文名：Black Kite

形态特征：体长约60cm。雌雄形态相似。整体深褐色；前额基部和眼先灰白色；耳羽黑褐色；头顶至后颈棕褐色，具黑褐色羽干纹；上体暗褐色，微具紫色光泽和不甚明显的暗色细横纹和淡色端缘；尾棕褐色，呈浅叉状，其上具有宽度相等的黑色和褐色横带呈相间排列，尾端具淡棕白色羽缘。虹膜暗褐色；嘴黑色；跗跖和趾黄色或黄绿色。

生态习性：栖息于开阔平原、草地、荒原和低山丘陵地带，也常在城郊、村屯、湖泊和河流上空活动。多单独活动，有时也见集小群在天空盘旋。主要以小鸟、鼠类、蛇、蛙、鱼、野兔、蜥蜴和昆虫等动物为食，偶尔也吃家禽和腐尸。

地理分布：国外分布于非洲，欧亚大陆至大洋洲。国内繁殖于东北各省，冬季南迁，其他大部分地区为留鸟。

本地种群：保护区内农田、林地和湿地可见，近年有连续监测记录，秋季迁徙季节容易见到，但数量不多。

遇见月份：

1	2	3	4	5	6	7	8	9	10	11	12

十三 鹰形目 ACCIPITRIFORMES

普通鵟
Buteo japonicus

鹰科 Accipitridae
英文名：Eastern Buzzard

形态特征：体长约55cm。雌雄形态相似。体色变化较大，有暗色型、淡色型和棕色型。上体主要为暗褐色；下体主要为暗褐色或淡褐色，具深棕色横斑或纵纹；尾淡灰褐色，具多道暗色横斑。虹膜暗褐色；嘴基黄色，端部深灰色；跗跖和趾黄色。

生态习性：栖息于低山丘陵、农田草地及山脚平原等地带。多单独活动，有时亦见2~4只在天空盘旋。活动主要在白天，善飞翔，每天大部分时间都在空中盘旋滑翔。以鼠类为主要食物，也吃蛙、蜥蜴、蛇、野兔、小鸟和大型昆虫等动物性食物，有时也到村庄捕食鸡等家禽。

地理分布：国外分布于欧亚大陆及非洲。国内繁殖于东北各省，冬季南迁。

本地种群：保护区内农田、林地和湿地可见，数量不多，为不常见的冬候鸟。

遇见月份：

1	2	3	4	5	6	7	8	9	10	11	12

十四 鸮形目
STRIGIFORMES

鸮形目鸟类多为夜行性猛禽。头宽大，颈部转动灵活。眼大、向前，眼周围硬羽毛放射状排列，形成"面盘"。跗跖被羽毛，爪强壮，通常内爪最长。多为林栖鸟类，具有较强的树栖性。

保护区分布有2科5种。

十四 鸮形目
STRIGIFORMES

红角鸮
Otus sunia

鸱鸮科 Strigidae
英文名：Oriental Scops Owl

形态特征：体长20cm左右。雌雄形态相似。常见褐色型，面盘沙黄，杂以纤细白黑纹；前额至后颈具黑色纵纹杂以棕白色斑块；羽须发达；上体暗棕褐色，密布暗褐色虫蠹状斑纹；下体大部呈白色，有暗褐杂沙黄横斑和黑褐色羽干纹。嘴暗绿色，先端黄色；爪黑色。

生态习性：栖息于靠近水源的森林中，白天常藏匿在阔叶树上，不甚活动。夜行性，晚上活动和鸣叫。食物主要为直翅目和鳞翅目昆虫，以及其他无脊椎动物。繁殖期5~8月，营巢于树洞或岩石缝隙中，每窝产卵3~6枚。

地理分布：国外分布亚洲东部及东南部。国内长江以北为夏候鸟；长江以南一带为留鸟。

本地种群：保护区内村落和林地可见，有多年连续监测记录。但数量少且因夜间活动而难以发现，为偶见的夏候鸟。

遇见月份：| 1 | 2 | 3 | 4 | 5 | 6 | 7 | 8 | 9 | 10 | 11 | 12 |

斑头鸺鹠
Glaucidium cuculoides

鸱鸮科 Strigidae
英文名：Asian Barred Owlet

形态特征：体长24cm左右。雌雄形态相似。头部和上体暗褐色，具棕白色细横纹；眼上有短而窄的棕白色眉纹；无耳羽簇；后颈无领斑；颏白色；喉具白斑；胁部栗色；肛周及尾下覆羽纯白；下体几乎褐色或棕褐色具红褐色横斑。嘴黄绿色；爪黄绿色。

生态习性：多栖息于居民点附近的乔木林中。多单个活动，白天也见其活动，夜晚鸣叫频繁，叫声嘹亮。食性较广，包括昆虫、蛙类、蜥蜴类、小型鸟类及小型哺乳类。繁殖期在3~6月，通常营巢于树洞和天然洞穴中，也利用啄木鸟的巢。每窝产卵3~5枚。

地理分布：国外分布于东南亚。国内分布于秦岭淮河以南一带，西达云南、四川，北至甘肃、陕西、河南及安徽、江苏。

本地种群：保护区内村落和林地可见，数量较少，为偶见的夏候鸟。

遇见月份：| 1 | 2 | 3 | 4 | 5 | 6 | 7 | 8 | 9 | 10 | 11 | 12 |

纵纹腹小鸮

鸱鸮科 Strigidae
英文名： Little Owl
Athene noctua

形态特征： 体长23cm左右。雌雄形态相似。头顶平，无耳羽簇；面盘不发达，具浅色平眉纹和白色宽髭纹；上体褐色，散布白纵纹及点斑；肩上有两道白色或皮黄色横斑；下体棕白色，具褐色杂斑及纵纹。嘴角质黄色；跗跖和趾被白色羽；爪黑褐色。

生态习性： 主要在耕地边缘和开阔的荒山草坡上活动。部分昼行性，常立于篱笆及电线上，会快速点头或转动，鸣声响亮刺耳。食物主要是鞘翅目昆虫和鼠类。繁殖期为5～7月，通常营巢于悬崖和建筑物的缝隙中，或在自己挖掘的洞穴中营巢，每窝产卵2～8枚，雏鸟为晚成性。

地理分布： 分布范围广阔，国内主要分布于东北、华北及西部大部分地区。

本地种群： 保护区内村落和林地可见，数量极少，春秋迁徙季节容易见到，为偶见的过境鸟或留鸟。

遇见月份：

1	2	3	4	5	6	7	8	9	10	11	12

短耳鸮

鸱鸮科 Strigidae
英文名： Short-eared Owl
Asio flammeus

形态特征： 体长38cm左右。雌雄形态相似。面盘发达，呈棕黄；眼周黑色；颏、眼先及内侧眉部均白；短小的耳羽簇于野外不可见，呈黑褐色；上体黄褐色，密布暗褐色宽阔的羽干纹；下体棕白色；胸部棕色明显，具黑褐色纵纹，向后渐细，下腹中央和尾下覆羽及覆跗跖和趾羽均无杂斑，部分棕黄色。嘴和爪黑色。

生态习性： 栖息于林地、开阔地生境。多在黄昏和晚上活动和猎食，但也常在白天活动，平时潜伏在草丛中。其食物来源主要是鼠类，也食小鸟和昆虫，以及一些豆类及其他植物种子。繁殖期4～6月。常在沼泽地附近地上草丛中营巢，每窝产卵3～8枚。

地理分布： 分布广泛，欧亚大陆北部繁殖，国内繁殖于中国东北，越冬时见于我国大部分地区。

本地种群： 保护区内村落、林地和旷野可见，有多年连续监测记录。但数量极少，为偶见的冬候鸟。

遇见月份：

1	2	3	4	5	6	7	8	9	10	11	12

十四 鸮形目
STRIGIFORMES

草鸮
Tyto longimembris

草鸮科 Tytonidae
英文名：Eastern Grass Owl

形态特征：体长35cm左右。雌雄形态相似。面盘灰棕色，呈心脏形，边缘暗栗色；眼先有一黑色大斑；上体暗褐色，各羽基部泥黄色，近羽端处有白色小斑点；飞羽黄褐色，有暗褐色横斑；尾白而具褐色横斑；下体黄白色，胸及胁部色深并有轻微暗褐色斑点。嘴米黄白色；爪黑色。

生态习性：栖息于开阔的草地。夜行性鸟类，多在傍晚及夜间活动，白天隐藏在茂密的草灌丛中。喜食鼠类，其次为小型鸟类。叫声响亮刺耳。营巢于地面，隐蔽在草丛或芦苇中。繁殖高峰期为9～10月，卵2～4枚，雏鸟晚成性。

地理分布：国外分布非洲、大洋洲、东亚及东南亚；国内分布山东、安徽、湖南、贵州、云南等地区。

本地种群：保护区内旷野可见，有连续几年的监测记录，为罕见的夏候鸟。

遇见月份：

1	2	3	4	5	6	7	8	9	10	11	12

十五 犀鸟目
BUCEROTIFORMES

犀鸟目包括犀鸟科和戴胜科。该种为地栖鸟类，也在树上活动。嘴长而拱曲。飞行缓慢，以昆虫等为食。

保护区仅分布有1科1种。

十五 犀鸟目
BUCEROTIFORMES

戴胜
Upupa epops

戴胜科 Upupidae
英文名：Common Hoopoe

形态特征：体长28cm左右。雌雄形态相似。头、颈、胸淡棕栗色；头顶具凤冠状羽冠，色深且具黑端，靠后羽冠具白斑；上背和翅棕褐色；上体余部黑色、棕白色带斑；腰白色；腹及两胁由淡棕色转为白色。嘴黑色；跗跖和趾铅黑色。

生态习性：栖息于开阔林地、村落等。多单独或成对活动。常在地面上慢步觅食，主要以昆虫为食，也吃两栖类动物和植物种子。繁殖期3～6月，营巢于天然树洞中或啄木鸟的弃洞中，每窝产卵6～8枚，雌鸟孵卵，期间雄鸟喂养雌鸟。

地理分布：广泛分布欧洲、亚洲和非洲；我国大部分地区广泛分布，南方地区为留鸟；北方地区为夏候鸟。

本地种群：保护区内村落、旷野、林地和农田可见，为常见的夏候鸟或留鸟。

遇见月份：

1	2	3	4	5	6	7	8	9	10	11	12

十六 佛法僧目
CORACIIFORMES

佛法僧目鸟类为树栖种类，趾为并趾足，即前趾基部不同程度并连。佛法僧多活动于林地生境；翠鸟类则多活动于近水区域，常在水边树桩等突出物上等候，从空中钻入水中捕捉鱼类。

保护区分布有2科4种。

十六 佛法僧目
CORACIIFORMES

三宝鸟
Eurystomus orientalis

佛法僧科 Coraciidae
英文名：Dollarbird

形态特征：体长30cm左右。雌雄形态相似。头黑褐色，嘴红且宽阔（亚成体为黑色）；后颈至尾上覆羽呈暗蓝绿色；尾余部黑色稍沾深蓝色；翼偏亮蓝色，初级飞羽黑色，基部具蓝色横斑；颏黑色；喉和胸黑色沾蓝色；下体余部、腋羽及翼下覆羽等蓝绿色。嘴珊瑚红色，端黑色；跗跖和趾橘黄色。

生态习性：栖息于阔叶林缘高大树木的顶枝上。早、晚活动频繁。取食在地面或空中；鸣叫声粗哑、单调，主要以甲虫、蝗虫等昆虫为食。繁殖期为3～5月，每窝产卵数3～4枚。一般选取离地较高位置的林缘高大树上天然洞穴中，也利用啄木鸟废弃的洞穴作巢。

地理分布：广泛分布于东亚、东南亚、大洋洲。国内繁殖于东北至西南及海南岛，越冬于台湾。

本地种群：保护区内林地可见，为罕见的夏候鸟。

遇见月份：

1	2	3	4	5	6	7	8	9	10	11	12

蓝翡翠
Halcyon pileata

翠鸟科 Alcedinidae
英文名：Black-capped Kingfisher

形态特征：体长30cm左右。雌雄形态相似。额、头顶、头侧和枕部黑色；后颈白色延伸至喉部形成一宽阔的白色领环；背、腰和尾上覆羽辉蓝色，尾羽深蓝色；翼蓝色，次级覆羽黑色，形成一大块黑斑；颏、喉、颈侧、颊和上胸白色，胸以下栗棕色。嘴红色；跗跖和趾红色。

生态习性：栖息于开阔的平原地带，靠近林地河流、池塘等地觅食。常单独活动，多停息在河边的枝头，主要以鱼、虾、蟹、蛙和甲虫等为食。繁殖期5～6月，产卵3～5枚，营巢于土崖壁上自然形成的洞穴中或用嘴在河流的泥岸上挖掘隧道式的洞穴。

地理分布：繁殖于中国和朝鲜，向南迁至印度尼西亚越冬。国内分布于华东、华中及华南从辽宁至甘肃的大部地区以及东南部包括海南岛，其中东北地区为夏候鸟，其余均为留鸟。

本地种群：保护区内水域、沼泽湿地可见，有多年连续监测记录，为夏候鸟。

遇见月份：

1	2	3	4	5	6	7	8	9	10	11	12

普通翠鸟　　翠鸟科 Alcedinidae
Alcedo atthis　　英文名：Common Kingfisher

- **形态特征**：体长15cm左右。雌雄形态相似。头颈黑色，耳羽棕色，颈侧有白斑；体羽艳丽，上体金属浅蓝绿色；翼黑色；颏、喉部白色，胸部以下呈鲜明的栗棕色。雄鸟嘴黑色，雌鸟上嘴黑色，下嘴橘黄色；跗跖和趾红色。
- **生态习性**：栖息于湖泊、河流、池塘等。常单独活动停息在河边树桩、小树的低枝上和岩石上，捕食时可鼓动两翼悬浮于空中。食物主要为小鱼、虾、甲壳类及水生昆虫。繁殖期5～8月，每窝产卵5～7枚。通常掘洞营巢于水域附近的陡直岩壁上。
- **地理分布**：国内广泛分布，东北和内蒙古地区为夏候鸟，其他地区为留鸟。
- **本地种群**：保护区内水域、沼泽湿地可见，为常见的留鸟。
- **遇见月份**：

1	2	3	4	5	6	7	8	9	10	11	12

斑鱼狗　　翠鸟科 Alcedinidae
Ceryle rudis　　英文名：Pied Kingfisher

- **形态特征**：体长27cm左右。雌雄形态相似。外形和冠鱼狗非常相似，通体呈黑白斑杂状，但体形较小；头顶冠羽较短；具明显白色眉纹；后颈具白色杂黑纹的领环；上体黑色杂白点；尾羽白色，具宽阔的黑色次端斑，翅上有宽阔的白色翅带，飞翔时极明显；下体白色，雄鸟较雌鸟胸带宽。嘴黑色；跗跖和趾、爪黑褐色。
- **生态习性**：栖息于开阔水域。成对或结群活动于较大水体，多栖息于水边枯树、岩石和树枝上，是唯一会在水面盘旋以寻找食物的鱼狗。食物以鱼类为主。叫声为尖厉的哨声。繁殖期3～7月，每窝产卵3～6枚，雌雄轮流孵卵，通常自己掘洞巢筑岸边的堤坝上。
- **地理分布**：国内广泛分布于中国长江以南地区和西南地区，东北和内蒙古地区为夏候鸟，其他地区为留鸟。
- **本地种群**：保护区内常见，留鸟。
- **遇见月份**：

1	2	3	4	5	6	7	8	9	10	11	12

十七 啄木鸟目
PICIFORMES

　　啄木鸟目鸟类多为中小型的树栖种类，跗跖和趾为对趾足，善于在树干上攀缘。多为著名的食虫鸟类，善于捕食隐藏在树干或树皮缝隙中的害虫。

　　保护区分布有1科4种。

蚁䴕
Jynx torquilla

啄木鸟科 Picidae
英文名：Eurasian Wryneck

形态特征：体长18cm左右。雌雄形态相似。全身体羽灰褐色，斑驳杂乱；背、腰、尾上覆羽银灰色具棕黑色纵纹；翼黑褐色；上体及尾棕褐色具虫蠹斑；尾较长，有数条黑褐色横斑；下体具有细小横斑。嘴褐色；跗跖和趾灰褐色。

生态习性：栖息于林地生境，喜低矮灌丛。常单独活动，在地面觅食，与其他啄木鸟不同的是只栖息于树枝上而非攀树。头甚灵活，当受到干扰时不停地扭转。以蚁类、甲虫等为食。繁殖期在5～7月，洞穴营巢，每窝产卵数6～12枚。

地理分布：分布于非洲、欧亚、东南亚。国内繁殖于新疆、内蒙古、东北地区，越冬于长江以南。

本地种群：保护区内林地可见，有多年连续监测记录，为偶见的旅鸟或部分为冬候鸟。

遇见月份：| 1 | 2 | 3 | 4 | 5 | 6 | 7 | 8 | 9 | 10 | 11 | 12 |

星头啄木鸟
Dendrocopos canicapillus

啄木鸟科 Picidae
英文名：Grey-capped Woodpecker

形态特征：体长15cm左右。雌雄形态相似。头顶灰色或灰褐色，后侧有红纹，具一宽阔的白色眉纹自眼后延伸至颈侧；上体黑色，下背至腰和两翅具淡黑色横斑；下体污白色至淡红褐色，具显著的黑色纵纹。雌鸟枕侧无红色。嘴铅褐色，上嘴更暗；跗跖和趾灰黑色或淡绿褐色。

生态习性：栖息于林地生境。常单独或成对活动，多在树中上部活动和取食，偶尔也到地面倒木上取食；飞行迅速，成波浪式前进。主要以昆虫为食，冬季昆虫比较稀少时也吃植物种子。繁殖期在5～6月，每窝产卵4～5枚，大多数时期营巢于枯树干上，雌雄亲鸟共同啄巢洞。

地理分布：国外分布于巴基斯坦、东南亚地区等；我国广泛分布，包括华东、华南、西南、东北等地。

本地种群：保护区内村落、林地可见，有多年连续监测记录，种群数量尚可，为常见的留鸟。

遇见月份：| 1 | 2 | 3 | 4 | 5 | 6 | 7 | 8 | 9 | 10 | 11 | 12 |

十七 啄木鸟目
PICIFORMES

大斑啄木鸟
Dendrocopos major

啄木鸟科 Picidae
英文名：Great Spotted Woodpecker

- **形态特征**：体长24cm左右。雌雄形态相似。上体主要为黑色；额、颊和耳羽白色，枕部红色；肩和翅上各有一块大的白斑；尾黑色，外侧尾羽及飞羽具黑白相间横斑；下腹和尾下覆羽鲜红色；下体淡棕褐色，无斑。雌鸟无枕侧红斑。嘴铅黑或蓝黑色；跗跖和趾褐色。
- **生态习性**：栖息于山地、平原和森林间。为国内最常见的一种啄木鸟，常单独或成对活动，繁殖后期则成松散的家族群活动。多在树干和粗枝上觅食，主要以昆虫和植物种子为食。繁殖期在5～7月，每窝产卵4～5枚，多自啄营巢于已腐朽的树洞中，雌雄鸟共同孵卵。
- **地理分布**：广泛分布于欧亚大陆、北非、亚洲东部至东南部。我国绝大部分地区为留鸟，是分布最广泛的啄木鸟。
- **本地种群**：保护区内村落、林地可见，有多年连续监测记录种群数量尚可，为常见的留鸟。
- **遇见月份**：| 1 | 2 | 3 | 4 | 5 | 6 | 7 | 8 | 9 | 10 | 11 | 12 |

灰头绿啄木鸟
Picus canus

啄木鸟科 Picidae
英文名：Grey-headed Woodpecker

- **形态特征**：体长27cm左右。雌雄形态相似。额部和顶部红色；眼先和颊部及颏喉具黑色纵纹；枕部和后颈黑色；上体灰绿色；腰部和尾上覆羽金黄色；尾羽灰褐色具宽白横斑；下体灰绿色。雌鸟头顶和额部黑色。嘴黑灰色；跗跖和趾灰绿色或褐绿色。
- **生态习性**：栖息于林地生境。常单独或成对活动，很少成群，多攀在树干的中下部取食，也常到地面取食。春夏季主要以蚂蚁等昆虫为食，秋冬季也兼食植物种子和浆果。繁殖期在5～7月，每窝产卵6～8枚，营巢于树洞中，巢洞由雌雄共同啄凿完成。
- **地理分布**：分布欧亚大陆至东南亚一带。我国绝大部分地区广泛分布，为留鸟。
- **本地种群**：保护区内村落、林地可见，有多年连续监测记录，种群数量尚可，为常见的留鸟。
- **遇见月份**：| 1 | 2 | 3 | 4 | 5 | 6 | 7 | 8 | 9 | 10 | 11 | 12 |

十八 隼形目
FALCONIFORMES

隼形目鸟类为肉食性猛禽。嘴强健，上嘴先端勾曲，具齿突。嘴基有蜡膜，鼻孔明显裸露。跗跖和趾强壮，趾端的钩爪强大，通常后爪最长。栖息环境多样，包括森林、湿地、农田、村落等。白天活动，视觉敏锐，能捕获体重大于自身的猎物。

保护区分布有1科3种。

十八 隼形目
FALCONIFORMES

红隼
Falco tinnunculus

隼科 Falconidae
英文名：Common Kestrel

形态特征：体长33cm左右。雌雄形态相似。头顶及颈背灰蓝灰色；上体赤褐色具近似三角形的黑色斑点；尾蓝灰无横斑；下体皮黄具黑色纵纹。雌鸟体形略大，上体棕红色，比雄鸟色淡而多横斑。嘴蓝灰色，先端黑色；跗跖和趾黄色。

生态习性：栖息于开阔地。平常喜欢单独活动，尤以傍晚时最为活跃，飞翔能力强，可快速振翅悬停于空中。主要以鼠类、雀形目鸟类、蛙、蜥蜴、蛇等小型脊椎动物为食。繁殖期5～7月，每窝产卵4～5枚，通常营巢于悬崖或其他鸟类的旧巢中。

地理分布：国内广泛分布，遍布于东北、华北、华东及西南地区，多为留鸟，北方繁殖的个体冬季南迁越冬。

本地种群：保护区内村落、林地可见，有多年连续监测记录，种群数量尚可，为常见的留鸟。

遇见月份：

1	2	3	4	5	6	7	8	9	10	11	12

红脚隼
Falco amurensis

隼科 Falconidae
英文名：Amur Falcon

- **形态特征**：体长30cm左右。雌雄形态差异显著。雄鸟上体灰色，翼下覆羽白色，跗跖和趾、腹部及肛周棕色。雌鸟头顶棕红色具黑色纵纹；喉白色，眼区近黑色，领环偏白色；两翼及尾灰色，尾下黑色横斑；体乳白色，胸具醒目的黑色纵纹。嘴灰色；脚红色。
- **生态习性**：栖息于开阔地。多单独或成对活动，飞翔时两翅快速扇动，也可空中作短暂的停留。主要以昆虫、小型鸟类、蜥蜴、蛙和鼠类等为食。繁殖期5~7月，每窝产卵4~5枚，通常营巢于高大乔木顶端或侵占其他鸟类的巢穴。
- **地理分布**：国内除西北地区外均广泛分布，黄河以北地区为夏候鸟；以南地区为旅鸟；在云南等地有越冬种群。
- **本地种群**：保护区内农田、旷野、林地可见，有多年连续监测记录，秋季迁徙期容易见到，为季节性常见的旅鸟。
- **遇见月份**：| 1 | 2 | 3 | 4 | 5 | 6 | 7 | 8 | 9 | 10 | 11 | 12 |

游隼
Falco peregrinus

隼科 Falconidae
英文名：Peregrine Falcon

- **形态特征**：体长41cm左右。雌雄形态相似。头顶、后颈、背、肩蓝黑色；脸颊部有宽阔而下垂的髭纹黑褐色；腰和尾上覆羽为蓝灰色，尾羽具黑褐色横带；其余上体灰蓝色；上胸和颈侧具细的黑褐色羽干纹；其余下体白色。嘴铅蓝灰色，嘴基部黄色，嘴尖黑色；跗跖和趾橙黄色；爪黑色。
- **生态习性**：栖息于各类型地带。多单独活动，性情凶猛，飞行迅速，叫声尖锐。通常在快速鼓翼飞翔后伴随着一阵滑翔；主要捕食中小型鸟类，偶尔也捕食鼠类和野兔等小型哺乳动物。繁殖期4~6月，每窝产卵2~4枚。
- **地理分布**：国内除西北地区外广泛分布，繁殖于北方地区，黑龙江、吉林为夏候鸟，长江以南为冬候鸟。
- **本地种群**：保护区内农田、旷野、林地、湿地可见，有多年连续监测记录，为偶见的旅鸟，少数个体越冬。
- **遇见月份**：| 1 | 2 | 3 | 4 | 5 | 6 | 7 | 8 | 9 | 10 | 11 | 12 |

十九 雀形目
PASSERIFORMES

雀形目鸟类分布广，种数多，个体数量也很大。多为小型种类，少数物种为中型种类。嘴形直或稍拱曲，先端尖或略具钩。鸣管和鸣肌发达，善于鸣啭。足较细弱，4趾，后趾发达，与前3趾在同一平面上。多为树栖，少数地栖。绝大多数为杂食性，繁殖季节多取食昆虫，秋冬季节则取食果实和种子。

保护区共分布有28科112种。

黑枕黄鹂
Oriolus chinensis

黄鹂科 Oriolidae
英文名：Black-naped Oriole

形态特征：体长26cm左右。雌雄形态相似。通体金黄色；头枕部有一宽阔的黑色带斑，并向两侧延伸和黑色贯眼纹相连，形成一条围绕头顶的黑带；两翅和尾黑色并夹杂金黄色。雌鸟羽色似雄鸟，但背、肩及翅覆羽为橄榄绿色，胸、腹有时可见褐细纵纹。嘴较为粗壮，稍向下曲，呈红色；跗跖和趾褐色。

生态习性：栖息于平原至低山林地。常单只或成对活动。主要在高大乔木的树冠层活动，很少下到地面，为典型树栖鸟类，杂食性，以昆虫为主食。繁殖期5~7月，每窝产卵多为4枚，常营巢在阔叶林高大乔木上，呈吊篮状。

地理分布：广泛分布于东亚、东南亚以及南亚；国内分布于东部大部分地区，在绝大多数地区为夏候鸟，台湾和海南为留鸟。

本地种群：保护区内林地可见，有多年连续监测记录，为常见的夏候鸟。

遇见月份：| 1 | 2 | 3 | 4 | 5 | 6 | 7 | 8 | 9 | 10 | 11 | 12 |

暗灰鹃䴗
Lalage melaschistos

山椒鸟科 Campephagidae
英文名：Black-winged Cuckoo-shrike

形态特征：体长23cm左右。雌雄形态相似。雄鸟眼先和眼周灰黑，上体青灰色，两翼亮黑，尾羽黑色具白斑；下体青灰腹色浅，尾下覆羽灰色至灰白色。雌鸟似雄鸟，但羽色浅；上、下眼睑白色；飞羽黑褐色，反光不显著；尾下覆羽灰白色且布黑纹；下体浅青灰杂污白色横斑。嘴黑色；跗跖和趾铅蓝。

生态习性：多活动于林缘或林间空地高大乔木间，单独或成群活动，较隐蔽。以昆虫为主食，也吃植物种子。繁殖期5~7月，每次产卵2~4枚，常在高大乔木树冠部分的水平树枝上营巢。

地理分布：国内见于华中、东南、华南、西南及西藏东南部等地，在中部和北部为夏候鸟，在云南南部和海南为留鸟。

本地种群：保护区内林地可见，种群数量少，为偶见的夏候鸟。

遇见月份：| 1 | 2 | 3 | 4 | 5 | 6 | 7 | 8 | 9 | 10 | 11 | 12 |

十九 雀形目
PASSERIFORMES

黑卷尾
Dicrurus macrocercus

卷尾科 Dicruridae
英文名：Black Drongo

- **形态特征**：体长30cm左右。雌雄形态相似。通体黑色，上体、胸部及尾羽深黑色具铜绿色光泽；尾长为深凹形，最外侧一对尾羽向外上方卷曲，尾羽末端深叉状；下体均呈黑褐色，仅胸部具铜绿色金属光泽。雌鸟体色似雄鸟，仅羽表光泽稍淡。嘴、跗跖和趾为暗黑色。
- **生态习性**：栖息于开阔的城郊村庄附近。喜集成小群活动，动作敏捷，习性凶猛好斗，在繁殖期尤甚。食物以昆虫为主，能在空中捕食飞行昆虫。繁殖期6～7月，每窝产卵3～4枚，尤喜在村民居屋前后高大的椿树上营巢繁殖。
- **地理分布**：国内繁殖于除新疆外的各地，多为夏候鸟，在南部和西南部地区为留鸟。
- **本地种群**：保护区内林地和农田防护林可见，有多年连续监测记录，其中7～9月遇见率较高，常见的夏候鸟。

遇见月份：

1	2	3	4	5	6	7	8	9	10	11	12

灰卷尾
Dicrurus leucophaeus

卷尾科 Dicruridae
英文名： Ashy Drongo

形态特征： 体长27cm左右。雌雄形态相似。全身羽色呈法兰绒浅灰色，前额基部黑色，头侧脸颊部具白斑块；上体呈法兰绒浅灰色，尾羽浅灰具不明显的横斑，尾长而呈叉状，上有不明显的浅黑色横纹；下体颔部灰褐色，余部淡灰色至尾下覆羽近灰白色。雌鸟体形较小；羽色较淡。嘴、跗跖与趾均黑色。

生态习性： 栖息于平原林地、河谷或山区。通常单个或成对停留在较高的树冠顶端。主要捕食昆虫，也吃植物种子和果实。繁殖期5～7月，每窝产卵3～4枚，卵壳颜色多变，呈乳白、橙粉或粉红色。

地理分布： 国内繁殖于吉林及黑龙江南部至华东、东南、华中、西南及西藏南部等地区，南迁越冬。

本地种群： 保护区内林地可见，有多年连续监测记录，种群数量较少，为偶见的夏候鸟。

遇见月份： | 1 | 2 | 3 | 4 | 5 | 6 | 7 | 8 | 9 | 10 | 11 | 12 |

发冠卷尾
Dicrurus hottentottus

卷尾科 Dicruridae
英文名： Hair-crested Drongo

形态特征： 体长32cm左右。雌雄形态相似。全身羽绒黑色具蓝绿色金属光泽；前额部具发丝状羽冠，头顶前部外侧尾羽末端向上卷曲，侧颈部羽呈披针状具蓝紫色金属光泽；上体纯黑色具金属光泽；尾呈叉状尾，最外侧一对末端稍向外曲并向内上方卷曲；下体纯黑色。雌鸟体羽反光淡，发冠较短小。嘴和跗跖黑色。

生态习性： 栖息于林地生境。单独或成对活动，很少成群。飞行快而有力，飞行姿势优雅。主要以昆虫为食，偶尔也吃少量植物果实和种子。繁殖期5～7月，每窝产卵3～4枚，巢区多选择在林缘靠近草地，在树顶向阳的树杈间，巢呈深盘状。

地理分布： 国内广泛分布东部和南部地区，为夏候鸟，越冬至东南亚。

本地种群： 保护区内多年未见，为夏候鸟，仅有历史记录。

遇见月份： | 1 | 2 | 3 | 4 | 5 | 6 | 7 | 8 | 9 | 10 | 11 | 12 |

十九 雀形目
PASSERIFORMES

寿带
Terpsiphone incei

王鹟科 Monarchidae
英文名：Amur Paradise-Flycatcher

- **形态特征：** 体长22cm左右（不计尾长）。雌雄形态差异显著；头部、羽冠、后颈和前胸呈金属蓝黑色。雄鸟有栗色型和白色型，栗色型雄鸟眼周蓝色，上体栗色，尾羽栗色中央特别延长，羽干黑色，胸及胁部灰色至腹部及尾下覆羽渐变白色；白色型雄鸟体羽白色为主杂以黑色羽干纹，胸之后纯白色。雌鸟背面似栗色型雄鸟，羽冠较短；中央尾羽不延长。嘴钴蓝色；跗跖和趾铅蓝色。
- **生态习性：** 栖息于山区或丘陵地带。常单独或成对活动，偶尔也见小群，藏匿于森林中下层茂密的树枝间。平时飞行缓慢，捕食时飞行迅速，飞行时姿态绚丽。主要以昆虫为食，也吃少量的植物种子。繁殖期5～7月，每窝产卵3～4枚，营巢于树枝权交叉处。
- **地理分布：** 分布于亚洲东部、东北部和南部；国内繁殖于华北、华中、华南及东南的大部分地区，部分在南部和西南地区越冬。
- **本地种群：** 保护区内林地可见，近年有监测记录，为偶见的夏候鸟。

遇见月份： | 1 | 2 | 3 | 4 | 5 | 6 | 7 | 8 | 9 | 10 | 11 | 12 |

虎纹伯劳
Lanius tigrinus

伯劳科 Laniidae
英文名：Tiger Shrike

- **形态特征：** 体长20cm左右。雌雄形态相似。额和眼先黑向颈侧延伸形成一宽阔纵带；头顶至上背部分区域蓝灰色，上体余部栗红褐色，杂以虫蠹状黑色横斑；下体纯白，胁部缀以黑褐色鳞状斑块。嘴黑色；跗跖、趾褐色。
- **生态习性：** 栖息于茂密林地。多藏身于林中，性情凶猛。食物主要为昆虫，兼食植物性食物。繁殖期5～7月，每窝产卵4～7枚，常在低矮灌木上营巢。
- **地理分布：** 国内繁殖于吉林、河北至华中、华东地区，冬季南迁。
- **本地种群：** 保护区内林地可见，有多年连续监测记录，常见的夏候鸟。

遇见月份： | 1 | 2 | 3 | 4 | 5 | 6 | 7 | 8 | 9 | 10 | 11 | 12 |

牛头伯劳　伯劳科 Laniidae
Lanius bucephalus　英文名：Bull-headed Shrike

形态特征：体长20cm左右。雌雄形态相似。眼周和耳区具黑纹；眉纹白色；额、头顶至上背栗色；背至尾上覆羽灰褐杂棕色；尾羽黑褐；颏、喉、胸和腹的中央以及尾下覆羽白，两侧沾棕黄并具褐色虫蠹状横斑。嘴黑褐色，下嘴基部黄褐色；跗跖和趾黑色。

生态习性：栖息于次生林地或耕地。多单独停栖于顶部的枝干上。食物主要为蝗虫、甲虫等昆虫，有时捕猎其他鸟类的雏鸟。繁殖期5～7月，每窝产卵4～6枚，常筑巢于低矮灌丛间。

地理分布：国内繁殖于东北、河北及山东，冬季南迁至华南、华东及台湾。

本地种群：保护区内耕地可见，有多年连续监测记录，种群数量较少，为不常见的旅鸟，可能有繁殖个体。

遇见月份：| 1	2	3	4	5	6	7	8	9	10	11	12

红尾伯劳　伯劳科 Laniidae
Lanius cristatus　英文名：Brown Shrike

形态特征：体长20cm左右。雌雄形态相似。前额灰色至后枕红棕色；眉纹白色；眼先、眼下和耳羽黑色形成贯眼纹；上体棕褐或灰褐色；飞羽和尾上覆羽红褐色；颏、喉白色；下体余部棕白色。嘴黑色；跗跖和趾铅灰色。

生态习性：栖息于平原丘陵、林缘和村落。单独或成对活动，常站立在树枝顶端或电线上。主要以昆虫为食。繁殖期会模仿其他鸟类的鸣声，繁殖期5～7月，每窝产卵4～6枚，筑巢于低枝上。

地理分布：国内繁殖于东北、华中、华东等地，冬季南迁至云南、福建、海南岛及台湾等地越冬。

本地种群：保护区内林地可见，有多年连续监测记录，种群数量较多，为常见的夏候鸟。

遇见月份：| 1	2	3	4	5	6	7	8	9	10	11	12

十九 雀形目
PASSERIFORMES

棕背伯劳
Lanius schach

伯劳科 Laniidae
英文名：Long-tailed Shrike

形态特征：体长25cm左右。雌雄形态相似。嘴基至前额黑色；头顶至上背青灰染棕过渡至尾上覆羽为棕红色；具黑色贯眼纹；两翼黑色具白色翼斑；中央尾羽黑色；颏、喉白色；其余下体棕白色。嘴、跗跖和趾黑色。

生态习性：栖息于平原丘陵地带的林地、村落。多单独或成对活动，常见停歇在乔木树顶或路边的电线上。性凶猛，一旦发现猎物，立刻飞去追捕，落地撕食。主要捕食昆虫，也捕杀小型鸟类、蛙类和鼠类。繁殖期4～7月，每窝产卵4～6枚，筑巢于高大乔木树杈基部上。

地理分布：国内分布于华中、长江流域及其以南一带、云南、西藏南部等地。

本地种群：保护区内村落、林地、旷野、农田可见，有多年连续监测记录，为常见的留鸟。

遇见月份：| 1 | 2 | 3 | 4 | 5 | 6 | 7 | 8 | 9 | 10 | 11 | 12 |

楔尾伯劳
Lanius sphenocercus

伯劳科 Laniidae
英文名：Chinese Gray Shrike

形态特征：体长31cm左右，是伯劳中体形最大的物种。雌雄形态相似。额基白色，具明显的白色眉纹；眼周黑色杂褐色；上体灰色；中央尾羽及飞羽黑色具白斑；颏、喉白色；胸以下灰白杂淡棕。嘴强健，黑色；跗跖和趾黑褐色。

生态习性：栖息于平原的林地、旷野。常单独或成对活动，喜站在高的树冠顶枝上，善于长时间追捕小型鸟类。主要以昆虫和小型脊椎动物为食。繁殖期结束后，由高海拔向低海拔移动，之后混群分散成单只活动越冬。

地理分布：国内繁殖于内蒙古、东北、华东及中西部地区，辽宁、河北以南至长江流域的旅鸟或冬候鸟，福建、广东、台湾等地的冬候鸟。

本地种群：保护区内村落、林地、旷野、农田可见，有多年连续监测记录，种群数量较少，为偶见的冬候鸟。

遇见月份：| 1 | 2 | 3 | 4 | 5 | 6 | 7 | 8 | 9 | 10 | 11 | 12 |

灰喜鹊 *Cyanopica cyanus*
鸦科 Corvidae
英文名：Azure-winged Magpie

形态特征：体长35cm左右。雌雄形态相似。前额、颊部至后颈黑色闪淡蓝光泽；背灰色；两翅和尾羽淡天蓝色；尾长、呈凸状具白色端斑；喉白色；胸和腹部由淡黄白转为淡灰色。嘴、跗跖和趾黑色。

生态习性：栖息于林地中。除繁殖期成对活动外，其他季节多成小群在居民区附近活动。杂食性，繁殖期时主要以昆虫等动物性食物为食，秋冬季也吃植物果实。繁殖期5~7月，每窝产卵4~9枚，营巢于中等高度的乔木枝杈间，巢呈浅盘状，会利用旧巢。

地理分布：国内广泛分布于东部和南部各地。

本地种群：保护区内村落、林地可见，有多年连续监测记录，种群数量较大，全年都可遇见，为常见的留鸟。

遇见月份：| 1 | 2 | 3 | 4 | 5 | 6 | 7 | 8 | 9 | 10 | 11 | 12 |

灰树鹊 *Dendrocitta formosae*
鸦科 Corvidae
英文名：Grey Treepie

形态特征：体长35cm左右。雌雄形态相似。前额和眉纹黑色；颈背灰色；上背土褐色；尾长而黑；两枚中央尾羽淡蓝灰色；呈凸状具白色端斑；下体灰色；腰和尾上覆羽淡灰白。嘴、跗跖和趾黑色。

生态习性：栖息于丘陵山地的常绿林中。除繁殖期成对活动外，其他季节多成家庭群活动，叫声响亮。杂食性，主要以昆虫、蜥蜴、鸟卵等动物性食物为食，也吃植物果实。繁殖期3~7月，每窝产卵3~5枚，营巢于中等高度的树冠枝杈间。

地理分布：国内分布于西藏、云南、四川、华南及东南地区，南至海南岛和台湾。

本地种群：保护区内仅在2020年11月有过记录，罕见，居留型待定。

遇见月份：| 1 | 2 | 3 | 4 | 5 | 6 | 7 | 8 | 9 | 10 | 11 | 12 |

十九 雀形目
PASSERIFORMES

喜鹊　　鸦科 Corvidae
Pica pica　英文名：Common Magpie

- **形态特征**：体长约45cm。雌雄形态相似。头、颈、背至尾均黑色；后头及后颈染紫蓝色、绿色等光泽；肩羽纯白色；翅黑色端部沾蓝绿光；尾羽黑色；腹面以胸为界，前黑后白；喉部羽有时具白纹。嘴、跗跖和趾黑色。
- **生态习性**：栖息于林地和村落生境。繁殖期单个或成对生活，秋冬季节常集成数十只的大群。在旷野和田间觅食，杂食性，繁殖季以动物性食物为主，捕食昆虫、蛙类、鸟卵及雏鸟，冬季也兼食谷物和植物种子等。繁殖期较早，常为3～5月，喜欢将巢筑在高大树木树冠的顶端或高压电塔上，巢近似球形。
- **地理分布**：国内广泛分布于除草原和荒漠地区外的各地。
- **本地种群**：保护区内村落、林地、农田可见，有多年连续监测记录，全年均可遇见，秋冬季数量尤多，为十分常见留鸟。
- **遇见月份**：

1	2	3	4	5	6	7	8	9	10	11	12

小嘴乌鸦　　鸦科 Corvidae
Corvus corone　英文名：Carrion Crow

- **形态特征**：体长48cm左右。雌雄形态相似。通体黑色；嘴基部有黑羽；上体具蓝紫色金属光泽；翼和尾羽具蓝绿色；下体较上体色暗。嘴、跗跖和趾黑色。
- **生态习性**：栖息于丘陵和平原地带的村落、开阔地。喜结大群栖息，动物性食物有昆虫、蛙类等，植物性食物有树木种子和谷物。
- **地理分布**：广布于欧亚大陆北部，国内于华中、华北及新疆、青海等地留居，一些个体冬季南迁至华南及东南等地越冬。
- **本地种群**：保护区内村落、林地和农田可见，种群数量较少，为偶见的冬候鸟。

- **遇见月份**：

1	2	3	4	5	6	7	8	9	10	11	12

大嘴乌鸦
Corvus macrorhynchos

鸦科 Corvidae
英文名：Large-billed Crow

形态特征：体长50cm左右。雌雄形态相似。通身漆黑；嘴粗大；鼻孔附近被长毛；头顶、上背部及两翼具蓝紫色和绿色的金属光泽；尾羽具蓝绿色光；喉部至尾下覆羽具蓝紫色光泽。嘴、跗跖和趾黑色。

生态习性：栖息于村落、开阔地。除繁殖期间单独或成对活动外，其他季节多成小群活动，性机警。杂食性，多食植物种子果实和谷物等，也吃昆虫和两栖类。繁殖期3~6月，窝产卵3~5枚，营巢于高大乔木顶部枝杈处。

地理分布：国内广泛分布，除青藏高原和北方荒漠地方外，在大部分地区为留鸟。

本地种群：保护区内村落、林地和农田可见，有历史分布记录，种群数量较少，为偶见的留鸟。

遇见月份：| 1	2	3	4	5	6	7	8	9	10	11	12

黄腹山雀
Pardaliparus venustulus

山雀科 Paridae
英文名：Yellow-bellied Tit

形态特征：体长约10cm。雌雄形态有明显差异。雄鸟头和上背黑色，脸颊和后颈各具一白色块斑；下背、腰呈亮蓝灰色，翅上有两道黄白色翅斑，尾黑色；颏至上胸黑色，下胸至尾下覆羽黄色。雌鸟上体灰绿色，颏、喉、颊和耳羽灰白色，下体淡黄绿色。嘴蓝黑色；跗跖和趾铅灰色。

生态习性：栖息于林地生境。繁殖期成对或单独活动外，其他时候成群在树枝间跳跃穿梭，或在树冠间飞来飞去，有时也与大山雀等鸟类混群。主要以昆虫为食，也吃植物果实和种子。每窝产卵5~7枚，营巢于天然树洞中。

地理分布：见于我国华东、华南、华中及东南，为东南部特有种。

本地种群：保护区内林地可见，有多年连续监测记录，但种群数量不大，为不常见的留鸟。

遇见月份：| 1	2	3	4	5	6	7	8	9	10	11	12

十九 雀形目
PASSERIFORMES

大山雀
Parus cinereus

山雀科 Paridae
英文名：Great Tit

形态特征：体长约14cm。雌雄形态有明显差异。雄鸟头黑色，头两侧各具一大型白斑；上体蓝灰色，背沾绿色；下体白色，胸、腹有一条宽阔的黑色中央纵纹与颏、喉黑色相连。雌鸟羽色与雄鸟相似，但体色较暗淡，缺少光泽，腹部黑色纵纹较细。嘴黑色；跗跖和趾暗褐色。

生态习性：栖息于林地生境。除繁殖期成对活动外，秋冬季节多成小群。性较活泼而大胆，行动敏捷，常在树枝间穿梭跳跃。主要以昆虫为食，也吃植物种子。每窝产卵6～13枚，通常营巢于天然树洞中，也利用啄木鸟废弃的巢洞和人工巢箱。

地理分布：见于亚洲北部和我国大部分地区，包括华东、华北、华南、西南、华中等地。

本地种群：保护区内林地可见，有多年连续监测记录，本地留鸟，总体数量较多，不同季节均常见。

遇见月份：

1	2	3	4	5	6	7	8	9	10	11	12

中华攀雀
Remiz consobrinus

攀雀科 Remizidae
英文名：Chinese Penduline Tit

形态特征：体长约11cm。雌雄形态有明显差异。雄鸟头灰白色，前额具宽阔的黑色贯眼纹，后颈和颈侧暗栗色，形成一半圆形领圈；上体棕褐色；下体淡棕褐色，尾凹形。雌鸟上体沙褐色，头顶灰色稍深，其余与雄鸟相似，但羽色略淡而少光泽。嘴深褐色至灰色；跗跖和趾深灰色。

生态习性：栖息于疏林和芦苇地。除繁殖期间单独或成对活动外，其他季节多成群活动。性活泼，行动敏捷，常在树丛间飞来飞去，在树枝间跳跃，有时又喜欢倒悬在枝端荡来荡去。主要以昆虫为食，冬季多吃杂草种子、浆果等。

地理分布：繁殖于俄罗斯及我国东北，冬季南迁至我国华北、长江中下游以至云南等地。

本地种群：保护区内湿地芦苇丛可见，有多年连续监测记录，为常见的冬候鸟。

遇见月份：

1	2	3	4	5	6	7	8	9	10	11	12

小云雀
Alauda gulgula

百灵科 Alaudidae
英文名：Oriental Skylark

形态特征：体长约15cm。雌雄形态相似。耸起的淡棕栗色短羽冠上有细纹；眼先和眉纹棕白色，耳羽淡棕栗色；上体黄褐色，并具黑褐色羽干纹；下体淡棕色或棕白色，胸部棕色较浓且密布黑褐色羽干纹。嘴褐色，下嘴基部淡黄色；跗跖和趾肉黄色。

生态习性：栖息于农田、草地等开阔地。除繁殖期成对活动外，其他时期多成群活动。常在地上活动，善奔跑，有时也停歇在灌木上，常从地面垂直飞起，边飞边鸣，直上高空，连续拍击翅膀，并能悬停于空中。主要以植物性食物为食，也吃昆虫。每窝产卵3～5枚，通常营巢于地面凹处、草丛中或树根旁。

地理分布：国内主要为留鸟，留居于南方及沿海地区，在西北和西南地区为夏候鸟或冬候鸟。

本地种群：保护区内农田、旷野可见，有多年监测记录，秋冬季常见20～30只的小群，为常见留鸟。

遇见月份：| 1 | 2 | 3 | 4 | 5 | 6 | 7 | 8 | 9 | 10 | 11 | 12 |

十九 雀形目
PASSERIFORMES

棕扇尾莺
Cisticola juncidis

扇尾莺科 Cisticolidae
英文名： Zitting Cisticola

- **形态特征：** 体长约10cm。雌雄形态相似。头顶和枕部黑褐色具栗棕色羽缘；上背和肩黑色，两翅暗褐色，上背及双翅羽缘均栗棕色，下背、腰及尾上覆羽黑褐色；下体白色，两胁沾棕色；尾呈凸状，中央尾羽最长。上嘴红褐色，下嘴粉红色；跗跖和趾肉色。
- **生态习性：** 栖息于开阔草地、芦苇地及稻田。单独或成对活动，也集小群。性活泼，繁殖期常见在空中翱翔或作圈状飞行，然后两翅收拢、急速直下。主要以昆虫为食，也吃小型无脊椎动物和植物种子等。每窝产卵4~5枚，通常营巢于草丛中。
- **地理分布：** 国内繁殖于华东及华中地区，南迁至华南及东南地区越冬。
- **本地种群：** 保护区内旷野、沼泽湿地可见，种群数量尚可，为较常见留鸟。

遇见月份： | 1 | 2 | 3 | 4 | 5 | 6 | 7 | 8 | 9 | 10 | 11 | 12 |

纯色山鹪莺
Prinia inornata

扇尾莺科 Cisticolidae
英文名： Plain Prinia

- **形态特征：** 体长约15cm。雌雄形态相似。全身纯浅黄褐色；头及上体暗灰褐色，眉纹色浅，飞羽羽缘红棕色；下体淡皮黄白色。尾长呈凸状，中央尾羽最长；冬羽较夏羽更偏红棕褐色。嘴黑色；跗跖和趾粉红色。
- **生态习性：** 栖息于草丛、芦苇地和沼泽中。常单独或成对活动，偶尔也见成小群，常于树上、草茎间或在飞行时鸣叫。多在灌木下部和草丛中跳跃觅食，以昆虫为食，也吃无脊椎动物和植物种子。每窝产卵4~6枚，营囊状巢或深杯状巢于茅草丛和小麦丛间。
- **地理分布：** 国内分布于西南地区和东南沿海地区，为留鸟。
- **本地种群：** 保护区内湿地可见，有多年连续监测记录，繁殖期常见于芦苇生境，但数量并不多，为不常见的留鸟。

遇见月份： | 1 | 2 | 3 | 4 | 5 | 6 | 7 | 8 | 9 | 10 | 11 | 12 |

东方大苇莺
Acrocephalus orientalis

苇莺科 Acrocephalidae
英文名：Oriental Reed Warbler

形态特征：体长约19cm。雌雄形态相似。头及上体呈黄褐色，具显著的皮黄色眉纹；颏、喉部棕白色，腰及尾上覆羽橄榄棕褐色；下体淡棕黄色。上嘴黑褐色，下嘴色浅；跗跖和趾淡铅蓝色。

生态习性：栖息于灌丛、芦苇地等水域生境。常单独或成对在草茎、芦苇丛和灌丛之间跳跃、攀缘。主要以昆虫为食，也吃蜘蛛、蜗牛等无脊椎动物和少量植物果实与种子。繁殖期常站在巢附近的芦苇或小树枝顶端长时间鸣叫，每窝产卵4～6枚，营杯状巢于水域附近的灌丛或小柳树丛。

地理分布：广泛分布于东亚区，包括东亚和东南亚。国内主要繁殖于北部、华中、华东及东南地区，南迁越冬。

本地种群：保护区内水域、沼泽湿地可见，有连续多年监测记录，种群数量较多，为常见的夏候鸟。

遇见月份：

1	2	3	4	5	6	7	8	9	10	11	12

黑眉苇莺
Acrocephalus bistrigiceps

苇莺科 Acrocephalidae
英文名：Black-browed Reed Warbler

形态特征：体长约13cm。雌雄形态相似。头及上体橄榄棕褐色，具淡黄褐色眉纹，眉纹上方具一条显著的黑色条纹，贯眼纹淡棕褐色，双翅羽缘沾棕褐色；腰部和尾上覆羽为暗棕褐色；下体羽污白色，沾棕色，胸部和两胁均缀深棕褐色。嘴黑褐色，下嘴基淡褐色；跗跖和趾暗褐色。

生态习性：栖息于湖泊、河流和水塘等水域岸边的灌丛和芦苇丛中。常单独或成对活动，灵巧地在芦苇茎叶间跳跃穿梭，也能直立在芦苇或草茎上来回上下攀缘。主要以昆虫为食。繁殖期间常站在开阔草地上的小灌木或蒿草梢上鸣叫，营巢于灌丛和芦苇上，每窝产卵4～5枚。

地理分布：国内繁殖于东北、河北、河南、陕西南部及长江下游地区，迁徙时见于华南及东南，部分鸟在广东及香港越冬。

本地种群：保护区内水域、沼泽湿地可见，夏季在湿地芦苇地繁殖，与东方大苇莺在相同生境分布，数量较少，为不常见的夏候鸟。

遇见月份：

1	2	3	4	5	6	7	8	9	10	11	12

十九 雀形目
PASSERIFORMES

崖沙燕
Riparia riparia

燕科 Hirundinidae
英文名：Sand Martin

形态特征：体长约12cm。雌雄形态相似。头部及上体暗灰褐色，背羽褐色或砂灰褐色，飞羽黑褐色；颏、喉白色或灰白色，灰褐色胸带完整；腹和尾下覆羽白色或灰白色；灰褐色尾部呈浅叉状。嘴黑褐色，跗跖和趾灰褐色。

生态习性：栖息于湖泊、沼泽和江河的泥质沙滩或附近的土崖上。一般不远离水域，常成群在水面或沼泽地上空飞翔，有时也见与家燕、金腰燕混群。飞行轻快而敏捷，休息时停栖在沙丘上，有时也见停栖于路边电线上。主要以空中飞行性昆虫为食。

地理分布：繁殖于东北亚，南迁越冬，国内分布于东北、华中、华东、华南等地区，北方繁殖种群南迁越冬，中部地区一些种群为留鸟。

本地种群：保护区内湿地上空可见，有多年连续监测记录，迁徙高峰期数量较大，为常见的旅鸟或夏候鸟。

遇见月份：

1	2	3	4	5	6	7	8	9	10	11	12

家燕
Hirundo rustica

燕科 Hirundinidae
英文名：Barn Swallow

形态特征：体长约15cm。雌雄形态相似。前额深栗色，上体从头顶一直到尾上覆羽均为蓝黑色而富有金属光泽；颏、喉和上胸栗色或棕栗色，下胸、腹和尾下覆羽白色或棕白色；飞羽狭长；尾长且呈深叉状。雌雄羽色相似。嘴短而宽扁，基部宽大，呈倒三角形，黑褐色；跗跖和趾黑色。

生态习性：栖息于开阔地、居民区等。多成群在村庄及田野上空不停地飞翔，有时也与金腰燕一起活动。空中飞行捕食，主要以蚊、蝇等昆虫为食。繁殖期常成对活动在居民点，营半杯状泥巢于房舍内外墙壁上、屋椽下或横梁上。

地理分布：在全球广泛分布，为世界性鸟类。在我国大部分地区繁殖，在南亚、东南亚地区越冬，部分在云南南部、海南岛及台湾越冬。

本地种群：保护区内村落、农田、旷野、湿地可见，有多年连续监测记录，3月起陆续到达，繁殖后一直延续至10月迁徙结束，数量较大，为常见的旅鸟或夏候鸟。

遇见月份：

1	2	3	4	5	6	7	8	9	10	11	12

金腰燕
Cecropis daurica

燕科 Hirundinidae
英文名：Red-rumped Swallow

形态特征：体长约18cm。雌雄形态相似。头顶至背部均为蓝绿色并具金属光泽，后颈杂有栗黄色或棕栗色并形成领环，颊部棕色。上体黑色，具有辉蓝色光泽，腰部有栗色横带；下体棕白色，多具有黑色纵纹。尾甚长，为深凹形。嘴、跗跖和趾黑色。

生态习性：栖息于开阔地、居民区等。与家燕相似，结小群活动，善飞行，飞行迅速敏捷。主要以飞行性昆虫为食。繁殖前常成对在空中飞翔，或并排地站在房顶或房前电线上鸣叫。营巢于人类房屋等建筑物上，巢多置于屋檐下、天花板上或房梁上，巢多呈长颈瓶状。

地理分布：在全球广泛分布，为世界性鸟类。在我国大部分地区繁殖，在南亚、东南亚地区越冬。

本地种群：保护区内村落、农田、旷野、湿地可见，有多年连续监测记录，物候稍晚于家燕，整体数量较大，为常见的旅鸟或夏候鸟。

遇见月份：

1	2	3	4	5	6	7	8	9	10	11	12

领雀嘴鹎
Spizixos semitorques

鹎科 Pycnonotidae
英文名：Collared Finchbill

形态特征：体长约23cm。雌雄形态相似。额和头顶前部黑色，额基处有一白斑，喉黑色，前颈有一白色颈环，颈部逐渐转为深灰色。上体暗橄榄绿色，背、肩、腰和尾上覆羽橄榄绿色；下体橄榄绿色，颜色较背部稍浅。嘴粗短，上嘴略向下弯曲，灰黄色或肉黄色；跗跖和趾淡灰褐或褐色。

生态习性：栖息于低山丘陵林地和山脚平原地带。常成群活动，有时也见单独或成对活动。鸣声婉转悦耳。食性较杂，以一些植物的果实和种子为主，也吃昆虫。每窝产卵3～4枚，通常营巢于溪边或路边小树侧枝处和灌丛中。

地理分布：分布于中国和越南北部。国内主要分布于长江流域及其以南的华南、东南地区。

本地种群：保护区内林地可见，全年均有记录，但总体数量较少，为不常见的留鸟。

遇见月份：

1	2	3	4	5	6	7	8	9	10	11	12

十九 雀形目
PASSERIFORMES

黄臀鹎
Pycnonotus xanthorrhous

鹎科 Pycnonotidae
英文名：Brown-breasted Bulbul

形态特征：体长约20cm。雌雄形态相似。头部黑色微具光泽，无羽冠或具短而不明的羽冠；上体土褐色或褐色，背、肩、腰至尾上覆羽土褐或褐色，两翅和尾暗褐色；颏、喉白色，其余下体近白色，胸具灰褐色横带，尾下覆羽鲜黄色。嘴、跗跖和趾黑色。

生态习性：栖息于林地生境和林缘，常作季节性的垂直迁徙。通常小群活动，有时也见大群或与其他鸟类混群活动。善鸣叫，鸣声清脆洪亮。主要以植物果实与种子为食，也吃昆虫。每窝产卵2~5枚，常营巢于灌木、竹丛间和林下小树上。

地理分布：主要分布于东南亚北部和中国，国内分布于长江流域、西南和东南沿海地区。

本地种群：保护区内林地可见，为偶见记录，居留型尚待确定。

遇见月份：

1	2	3	4	5	6	7	8	9	10	11	12

白头鹎
Pycnonotus sinensis

鹎科 Pycnonotidae
英文名：Light-vented Bulbul

形态特征：体长约19cm。雌雄形态相似。额至头顶纯黑色而富有光泽，具白色枕环；上体大部分为灰绿色，背和腰部羽毛多为灰绿色，翼和尾部稍带黄绿色；胸具不明显的宽阔灰褐色胸带，其余下体白色。嘴、跗跖和趾黑色。

生态习性：栖息于林地生境和村落。常集小群活动，冬季有时也集成20~30只的大群活动。性活泼、不甚畏人，常在树枝间跳跃或在相邻树木间飞翔。主要以果树的浆果和种子为主食，并时常飞入果园、果实，偶尔取食昆虫。每窝产卵3~5枚，营巢于灌木、阔叶树、竹林和针叶树上。

地理分布：分布于东亚地区，包括日本、朝鲜、中国、越南等地。国内分布于长江流域及以南大部分地区，东北地区近年有较多记录。

本地种群：保护区内村落、林地可见，有多年监测记录，数量较大，为常见留鸟。

遇见月份：

1	2	3	4	5	6	7	8	9	10	11	12

褐柳莺
Phylloscopus fuscatus

柳莺科 Phylloscopidae
英文名： Dusky Warbler

- **形态特征：** 体长约11cm。雌雄形态相似。上体灰褐色，飞羽羽缘橄榄绿色，眉纹棕白色，贯眼纹暗褐色；颏、喉白色沾皮黄色，其余下体乳白色，胸及两胁沾黄褐色；尾暗褐色，羽缘色淡具明显的橄榄褐色。上嘴黑褐色，下嘴橙黄色；跗跖和趾淡褐色。
- **生态习性：** 栖息于溪流、沼泽周围及森林中潮湿灌丛的浓密低植被之下，也见于农田和果园附近的小块丛林内。常单独或成对活动，在灌丛、草丛和树枝间跳来跳去，时常翘尾并轻弹尾及两翼。主要以昆虫为食。
- **地理分布：** 分布广泛，亚洲北部至太平洋沿岸的亚洲东南部地区均有分布。在国内繁殖于东北、西北和西南地区，冬季南迁至南部越冬，偶见于台湾。
- **本地种群：** 保护区内林地和沼泽湿地可见，有多年监测记录，总体数量较少，为不常见的旅鸟，少数个体留下越冬。

遇见月份： | 1 | 2 | 3 | 4 | 5 | 6 | 7 | 8 | 9 | 10 | 11 | 12 |

黄腰柳莺
Phylloscopus proregulus

柳莺科 Phylloscopidae
英文名： Pallas's Leaf Warbler

- **形态特征：** 体长约9cm。雌雄形态相似。上体橄榄绿色，头顶中央有一道淡黄绿色纵纹，眉纹黄绿色；腰羽黄色，形成宽阔横带，翅上两条明显深黄色翼斑；下体近白色，两胁、腋羽和翅下覆羽稍沾黄绿色；尾羽黑褐色，尾下覆羽黄白色。雌雄羽色相似。嘴黑褐色，下嘴基暗黄色；跗跖和趾淡褐色。
- **生态习性：** 栖息于林地生境，迁徙期间常成小群活动于次生林林缘、柳树丛和道旁疏林灌丛中。性活泼、行动敏捷，常单独或成对在高大的树冠层中活动，在树顶枝叶间跳来跳去寻觅食物，或站在高大的针叶林树顶枝间鸣叫。主要以昆虫为食。
- **地理分布：** 繁殖于亚洲北部和我国东北部地区，迁徙时除西北地区几乎遍及全国，在华中和华南地区越冬。
- **本地种群：** 保护区内林地可见，有多年监测记录，冬季各月份均有稳定记录，为较常见的冬候鸟。

遇见月份： | 1 | 2 | 3 | 4 | 5 | 6 | 7 | 8 | 9 | 10 | 11 | 12 |

十九 雀形目
PASSERIFORMES

黄眉柳莺
Phylloscopus inornatus

柳莺科 Phylloscopidae
英文名：Yellow-browed Warbler

形态特征：体长约11cm。雌雄形态相似。上体呈橄榄绿色，头部色泽较深，头顶中央贯以一条若隐若现的黄绿色纵纹，黄白色眉纹显著，翅具两道浅黄绿色翼斑；下体白色，胸、胁及尾下覆羽均稍沾绿黄色。上嘴黑褐色，下嘴黄褐色；跗跖和趾肉色。

生态习性：栖息于林地生境树丛、柳树丛和林缘灌丛。常单独或三五成小群活动，很少见集成大群活动。动作轻巧、灵活、敏捷，常飞落在树的下方，再窜跃向上，在枝尖间不停地穿飞捕虫，有时飞离枝头扇翅，将昆虫轰赶起来，再追上去啄食，几乎从不停歇。主要以昆虫为食。

地理分布：繁殖于亚洲北部和我国东北地区，迁徙经我国大部地区，南迁至我国南部和东南亚地区

越冬，我国南部包括西藏南部及西南、华南及东南包括海南岛及台湾。

本地种群：保护区内林地可见，有多年监测记录，迁徙季节数量较多，为常见的旅鸟。

遇见月份：| 1 | 2 | 3 | 4 | 5 | 6 | 7 | 8 | 9 | 10 | 11 | 12 |

极北柳莺
Phylloscopus borealis

柳莺科 Phylloscopidae
英文名：Arctic Warbler

形态特征：体长约12cm。雌雄形态相似。上体由额至尾呈灰橄榄绿色，腰和尾上覆羽稍淡，具明显的黄白色长眉纹，眼先及贯眼纹近黑色；下体白色沾黄，两胁缀以灰绿色，翅下覆羽和腋羽白色微沾黄色，尾下覆羽沾黄更为显著。上嘴深褐色，下嘴黄褐色；跗跖和趾肉色。

生态习性：栖息于林地生境及其林缘的灌丛，尤其是在河谷和离水源较近的地带。单只、成对或成小群活动，有时也和其他柳莺混群。性活泼，动作轻快敏捷，常活动于乔木顶端，在树木枝叶间跳跃和飞来飞去，也在灌木丛中觅食。主要以昆虫为食。

地理分布：繁殖于亚洲北部和我国东北地区，迁徙经我国东部大部地区，南迁至我国南部和东南亚地区越冬，我国南部包括西藏南部及西南、华南及东南包括海南岛及台湾。

本地种群：保护区内林地可见，有多年监测记录，迁徙季节数量较多，为常见的旅鸟。

遇见月份：| 1 | 2 | 3 | 4 | 5 | 6 | 7 | 8 | 9 | 10 | 11 | 12 |

淡脚柳莺
Phylloscopus tenellipes

柳莺科 Phylloscopidae
英文名：Pale-legged Leaf Warbler

形态特征：体长约11cm。雌雄形态相似。上体大致呈橄榄褐色，头、肩、背褐色，染以橄榄色，眉纹黄白色，从嘴基一直延伸至后颈，细长而显著；翅和尾黑褐色，腰、尾上覆羽、尾羽等的羽缘黄褐色；下体污白色，腹和尾下覆羽染以黄色或皮黄色，两胁和胸的颜色较深，翅下覆羽和腋羽亦呈皮黄色。嘴褐色；跗跖和趾浅肉色。

生态习性：栖息于林地生境。常单只、成对或结成小群活动。性活泼，行动敏捷，常在树枝间跳来跳去。每天开始活动时间较早，常在天刚亮、太阳未出山之前开始活动。主要以昆虫为食。

地理分布：繁殖于东亚北部及我国东北地区，越冬至东南亚，迁徙经我国东部沿海各省及香港和海南。

本地种群：保护区内林地可见，有多年监测记录，迁徙季节见少量个体，为不常见的旅鸟。

遇见月份：

1	2	3	4	5	6	7	8	9	10	11	12

冕柳莺
Phylloscopus coronatus

柳莺科 Phylloscopidae
英文名：Eastern Crowned Warbler

形态特征：体长约12cm。雌雄形态相似。上体橄榄绿色，头顶较暗，头顶中央有一条淡黄色冠纹，眉纹前端黄色，后端淡黄色或黄白色，贯眼纹呈暗褐色；下体银白色，稍沾黄色，胁部沾灰，尾下覆羽辉黄色。上嘴褐色，下嘴苍黄色；跗跖和趾墨绿褐色或铅褐色。

生态习性：栖息于林地生境及林缘灌丛地带。常单独或成对活动，迁徙期间也成群，有时也和其他柳莺混群。性活泼，不停在枝叶间跳跃觅食，或从一棵树飞向另一棵树，有时也到林下灌丛中觅食。主要以昆虫为食。

地理分布：繁殖于东北亚，冬季南迁至中国、东南亚、苏门答腊及爪哇。在国内繁殖于东北地区，迁徙途经华北、华中、华东和华南各省，偶见于台湾。

本地种群：保护区内林地可见，有多年监测记录，迁徙季节有少量个体，为不常见的旅鸟。

遇见月份：

1	2	3	4	5	6	7	8	9	10	11	12

十九 雀形目
PASSERIFORMES

远东树莺
Horornis canturians

树莺科 Cettiidae
英文名：Manchurian Bush Warbler

形态特征：体长约17cm。雌雄形态相似；通体棕色，上体棕色较深，眉纹为显著皮黄色，贯眼纹深褐色，无翼斑和顶纹；下体浅皮黄色，喉部至前胸白色，两胁及尾下覆羽多为暗皮黄色。上嘴褐色，下嘴色浅；跗跖和趾粉红色。

生态习性：栖息于芦苇地、灌丛、林地。常单独或成对活动，性胆怯，多在树木及草丛下层枝间上下跳动，尾略上翘。主要以昆虫为食。通常营巢于林缘地边、路边灌丛特别稠密的地带的近地面树枝上。

地理分布：繁殖于东亚，越冬至印度东北部、东南亚和中国东南部。在国内繁殖于东北、华中至华东，越冬于长江以南的华南、东南及海南岛。

本地种群：保护区内林地可见，夏季繁殖期有稳定记录，为常见的夏候鸟。

遇见月份：| 1 | 2 | 3 | 4 | 5 | 6 | 7 | 8 | 9 | 10 | 11 | 12 |

强脚树莺
Horornis fortipes

树莺科 Cettiidae
英文名：Brownish-flanked Bush Warbler

形态特征：体长约12cm。雌雄形态相似。头及上体暗褐色，具长皮黄色眉纹和深褐色贯眼纹；喉及腹部中央白色稍沾灰，胸侧、两胁灰褐色，下体偏白而染褐黄色，尤其是胸侧、两胁及尾下覆羽。上嘴褐色，下嘴色较淡；跗跖和趾淡棕色。

生态习性：栖息于灌丛、林地。不停地穿梭于茂密的枝间，常只闻其声，不见其影。主要以昆虫为食，也兼食一些植物，如野果和杂草种子。营巢于草丛和灌丛上，巢呈横杯状，巢口位于侧面。

地理分布：分布于东亚西部与我国西南部接壤地区和我国南部。具体分布在我国华中、华南、东南、西南、西藏南部及台湾地区。多数为留鸟，不迁徙。

本地种群：保护区内林地可见，有多年稳定记录，为不常见的留鸟。

遇见月份：| 1 | 2 | 3 | 4 | 5 | 6 | 7 | 8 | 9 | 10 | 11 | 12 |

鳞头树莺
Urosphena squameiceps

树莺科 Cettiidae
英文名：Asian Stubtail

形态特征：体长约10cm。雌雄形态相似。头顶具黑褐色鳞状斑纹，眉纹皮黄色，颊和颈侧污白和暗褐相混杂；上体棕褐色或橄榄褐色，飞羽黑褐色，外翈棕黄色。下体污白，两胁和胸缀以褐色；尾褐色，极短。上嘴褐色，下嘴肉色；跗跖和趾淡红色。

生态习性：栖息于灌丛、林地，尤以林中河谷溪流沿岸的僻静的密林深处较常见。常单独或成对活动，行动极为轻快灵活，常在林下灌丛、草丛、地面和倒木下活动，不停地进进出出、跳来跳去。主要以昆虫为食。

地理分布：呈条状分布于东亚沿海区域，包括俄罗斯、日本、朝鲜、中国、越南和老挝等地。在国内繁殖于东北崎岖，迁徙期途经华中、华东，至东南、华南及台湾越冬。

本地种群：保护区内林地可见，种群数量少，为罕见的旅鸟。

遇见月份：| 1 | 2 | 3 | 4 | 5 | 6 | 7 | 8 | 9 | 10 | 11 | 12 |

银喉长尾山雀
Aegithalos glaucogularis

长尾山雀科 Aegithalidae
英文名：Silver-throated Bushtit

形态特征：体长约16cm。雌雄形态相似。头顶、背部、两翼和尾羽呈现黑色或灰色，头顶羽毛丰满，体羽蓬松呈绒毛状；下体纯白或淡灰棕色，向后沾葡萄红色，部分喉部具暗灰色块斑；尾羽长度多超过头体长，尾下覆羽葡萄红色。嘴黑色，短而粗；跗跖和趾棕黑色。

生态习性：栖息于林地生境，多生活在柳树、松树、茶树或竹林间。常成小群活动，行动敏捷，来去均甚突然，常在树冠间或灌丛顶部跳跃。主要以昆虫及植物种子等为食。每窝产卵9～10枚，巢置于树木枝杈间。

地理分布：国内广泛分布于东北、华北、华中、华东及西南等地，留鸟。

本地种群：保护区内林地可见，有多年监测记录，为常见的留鸟。

遇见月份：| 1 | 2 | 3 | 4 | 5 | 6 | 7 | 8 | 9 | 10 | 11 | 12 |

十九 雀形目
PASSERIFORMES

红头长尾山雀
Aegithalos concinnus

长尾山雀科 Aegithalidae
英文名：Black-throated Bushtit

形态特征：体长约10cm。雌雄形态相似。头顶栗红色，黑色贯眼纹宽阔并向后延伸。背蓝灰色，腰部羽端浅棕色，飞羽黑褐色；下体淡棕黄色，颏、喉白色，喉中部具黑色块斑，胸、腹淡棕黄色；尾长呈凸状，外侧尾羽具楔形白斑。嘴黑色；跗跖和趾棕褐色。

生态习性：栖息于山地森林和灌木林间。常几只至数十只成群活动，性活泼，常从一棵树突然飞至另一树，不停地在枝叶间跳跃、飞行，边取食边不停地鸣叫，主要以昆虫为食。每窝产卵5~9枚，营巢于树上。

地理分布：分布于东亚西部和中部和南部地区，国内见于西藏、云南及长江流域以南。

本地种群：保护区内林地可见，有多年监测记录，但总体数量较少，为不常见的留鸟。

遇见月份：| 1 | 2 | 3 | 4 | 5 | 6 | 7 | 8 | 9 | 10 | 11 | 12 |

棕头鸦雀
Sinosuthora webbiana

莺鹛科 Sylviidae
英文名：Vinous-throated Parrotbill

形态特征：体长约12cm。雌雄形态相似。上体橄榄褐色，头顶至上背棕红色，背、肩、腰和尾上覆羽棕褐色或橄榄褐色，双翅红棕色，尾部暗褐色；下体淡黄褐色，喉、胸粉红色。嘴黑褐色；跗跖和趾铅褐色。

生态习性：栖息于灌丛、芦苇地等。常成对或成小群活动，性活泼而大胆，在灌木或小树枝叶间攀缘跳跃，一般都短距离低空飞翔，常边飞边叫。主要以甲虫等昆虫、蜘蛛等为食，也吃植物果实与种子等。每窝产卵4~5枚，通常营巢于灌木或竹丛上。

地理分布：分布于俄罗斯远东、朝鲜、越南北部和缅甸东北部。在国内分布较广，遍布于东部、中部和长江流域以南各省。

本地种群：保护区内林地、沼泽湿地可见，有多年监测记录，全年各月均数量较大，为常见的留鸟。

遇见月份：| 1 | 2 | 3 | 4 | 5 | 6 | 7 | 8 | 9 | 10 | 11 | 12 |

震旦鸦雀
Paradoxornis heudei

莺鹛科 Sylviidae
英文名：Reed Parrotbill

形态特征：体长约18cm。雌雄形态相似。额、头顶及颈背灰色，头侧、耳羽灰白色，长而阔的黑色眉纹自眼上方经头侧一直延伸至后颈两侧，极为醒目，上背黄褐，通常具黑色纵纹，下背黄褐色；下体黄褐色，颏、喉及腹近白。嘴黄色，粗壮勾曲；跗跖和趾淡黄色。

生态习性：栖息于河流、江边、湖泊沼泽芦苇丛中。繁殖季节以单只和较小集群为主，而非繁殖季节以较大集群为主。活泼好动，常会在芦苇秆之间跳来跳去，寻找苇秆里和芦苇表面的虫子为食，冬季也吃浆果。每窝产卵2～4枚，通常营巢于芦苇丛中。

地理分布：零星分布于黑龙江下游、辽宁、长江流域和江苏沿海和湖泊的芦苇地。

本地种群：保护区内沼泽湿地可见，有多年监测记录，繁殖期鸣声显著，易于观察记录，为较常见的留鸟。

遇见月份：

1	2	3	4	5	6	7	8	9	10	11	12

十九 雀形目
PASSERIFORMES

红胁绣眼鸟
Zosterops erythropleurus

绣眼鸟科 Zosteropidae
英文名：Chestnut-flanked White-eye

形态特征： 体长约12cm。雌雄形态相似。上体自额基、背以至尾上覆羽呈黄绿色；下体灰白色，黄色的喉斑较小，两胁栗红色；尾羽暗褐色，尾下覆羽硫黄色。嘴、跗跖和趾在不同季节呈现不同颜色，上嘴多褐色，下嘴肉色或蓝色；跗跖和趾呈蓝铅色或红褐色。

生态习性： 栖息于林地生境。常单独、成对或成小群活动，迁徙季节和冬季喜欢成群，在次生林和灌丛枝叶与花丛间穿梭跳跃，或从一棵树飞到另一棵树。夏季主要以昆虫为食，冬季则以植物性食物为主。

地理分布： 分布于东亚沿海各国，包括俄罗斯、韩国、中国、泰国和越南等。在我国繁殖于东北地区，越冬南迁至华中、华东及华南。

本地种群： 保护区内林地可见，多与暗绿绣眼鸟混群活动，为罕见的旅鸟。

遇见月份： | 1 | 2 | 3 | 4 | 5 | 6 | 7 | 8 | 9 | 10 | 11 | 12 |

暗绿绣眼鸟
Zosterops japonicus

绣眼鸟科 Zosteropidae
英文名：Japanese White-eye

形态特征： 体长约10cm。雌雄形态相似。上体绿色，眼周有一白色眼圈极为醒目，耳羽、脸颊黄绿色；下体白色，颏、喉和尾下覆羽淡黄色，腹中央近白色，尾下覆羽淡柠檬黄色；嘴黑色，下嘴基部稍淡；跗跖和趾暗铅色或灰黑色。

生态习性： 栖息于林地生境。性活泼，常单独、成对或成小群活动，迁徙季节和冬季喜欢成群在次

生林和灌丛枝叶与花丛间穿梭跳跃。夏季主要以昆虫为食，冬季则以植物性食物为主。每窝产卵3～4枚，营吊篮状或杯状巢于阔叶或针叶树及灌木中。

地理分布： 分布于中国、日本、韩国、老挝、缅甸、泰国和越南等东亚国家。我国北部地区多为夏候鸟，华南沿海省份、海南岛和台湾地区主要为留鸟。

本地种群： 保护区内林地可见，有多年监测记录，为常见的夏候鸟。

遇见月份： | 1 | 2 | 3 | 4 | 5 | 6 | 7 | 8 | 9 | 10 | 11 | 12 |

画眉
Garrulax canorus

噪鹛科 Leiothrichidae
英文名：Hwamei

形态特征：体长约23cm。雌雄形态相似。上体橄榄褐色，头顶至上背棕褐色具黑色纵纹，眼圈白色，并沿上缘形成一窄纹向后延伸至枕侧，形成清晰的眉纹，极为醒目；下体棕黄色，喉至上胸有黑色纵纹，腹中部灰色。上嘴橘色，下嘴橄榄黄色；跗跖和趾黄褐色。

生态习性：栖息于林下灌丛。机敏而胆怯，常在林下的草丛中觅食，不善作远距离飞翔。雄鸟在繁殖期常单独藏匿在杂草及树枝间极善鸣啭，声音十分洪亮，歌声悠扬婉转，非常动听。杂食性，主要取食昆虫。每窝产卵3~5枚，巢一般筑于茂密的草丛和灌木丛中。

地理分布：主要分布于东亚地区，包括老挝、越南北部和中国甘肃、陕西和河南以南至长江流域及其以南的广大地区。

本地种群：保护区内林地可见，有多年监测记录，但种群数量较少，为偶见的留鸟。

遇见月份：| 1 | 2 | 3 | 4 | 5 | 6 | 7 | 8 | 9 | 10 | 11 | 12 |

黑脸噪鹛
Garrulax perspicillatus

噪鹛科 Leiothrichidae
英文名：Masked Laughingthrush

形态特征：体长约30cm。雌雄形态相似。头顶至后颈褐灰色，额、眼先、眼周、颊、耳羽黑色，形成一条围绕额部至头侧的宽阔黑带；上体暗灰褐色，背暗灰褐色，尾上覆羽转为土褐色；下体棕白色，颏、喉褐灰色，胸、腹棕白色，尾下覆羽棕黄色。嘴黑褐色；跗跖和趾淡褐色。

生态习性：栖息于平原和低山丘陵地带地灌丛与竹丛中，常成对或成小群活动，特别是秋冬季节集群较大。杂食性，主要以昆虫为主，也吃其他无脊椎动物、植物果实、种子和部分农作物。每窝产卵3~5枚，营巢于低山丘陵和村寨附近小块丛林和竹林内。

地理分布：主要分布于东亚地区，包括老挝、越南北部和中国甘肃、陕西和河南以南至长江流域及

其以南的广大地区。

本地种群：保护区内林地灌丛可见，有多年监测记录，但总体数量较少，为不常见的留鸟。

遇见月份：| 1 | 2 | 3 | 4 | 5 | 6 | 7 | 8 | 9 | 10 | 11 | 12 |

十九 雀形目
PASSERIFORMES

普通䴓 *Sitta europaea*
䴓科 Sittidae　**英文名**：Eurasian Nuthatch

- **形态特征**：体长约13cm。雌雄形态相似。上体为石板蓝色，黑色贯眼纹沿头侧伸向颈侧，非常显著，飞羽黑褐色；下体棕黄色，颏喉、颈侧和胸部为白色，腹部两侧栗色，下腹土黄褐色。嘴细长而直，呈灰蓝色至褐色；跗跖和趾肉褐色。
- **生态习性**：栖息于针阔混交林和阔叶林的林地，喜居高大的乔木。繁殖后期成家族群活动外，其他季节多单独或与其他小鸟混群活动。性活泼，行动敏捷，能在树干向上或向下攀行，有时以螺旋形沿树干攀缘活动。主要以昆虫为食。
- **地理分布**：广泛分布于亚欧大陆中北部，国内主要见于东北、华中、华南和东南地区。
- **本地种群**：保护区内林地可见，偶有监测记录，但总体数量较少，为罕见的留鸟。

遇见月份：| 1 | 2 | 3 | 4 | 5 | 6 | 7 | 8 | 9 | 10 | 11 | 12 |

八哥 *Acridotheres cristatellus*
椋鸟科 Sturnidae　**英文名**：Crested Myna

- **形态特征**：体长约26cm。雌雄形态相似。头黑色；上体余部黑褐色沾灰；翅黑色，初级飞羽基部和大覆羽白色；尾羽黑色，外侧尾羽具白色端斑；下体较为灰黑，腹部羽端为白色；尾下覆羽白色，羽基黑色。嘴乳黄色；跗跖和趾黄色。
- **生态习性**：栖息于村落、农田、林地等生境。性喜结群；主要以蝗虫等昆虫为食，也吃果实和种子等植物性食物。繁殖时营巢于树洞、墙洞、电线杆、铁塔等处，每窝产卵3~6枚。
- **地理分布**：国内分布较广，南方地区的常见留鸟，近年来已扩散到华北等北方地区。
- **本地种群**：保护区内村落、林地、农田可见，有多年连续监测记录，为常见的留鸟。

遇见月份：| 1 | 2 | 3 | 4 | 5 | 6 | 7 | 8 | 9 | 10 | 11 | 12 |

丝光椋鸟
Spodiopsar sericeus

椋鸟科 Sturnidae
英文名： Silky Starling

形态特征： 体长约23cm。雌雄形态有一定差异。雄鸟头、颈丝光白色或棕白色；背深灰色；胸灰色，往后均变淡；两翅和尾羽黑色。雌鸟头顶前部棕白色，后部暗灰色；上体灰褐色；下体浅灰褐色，其他同雄鸟。嘴朱红色，尖端黑色；跗跖和趾橘黄色。

生态习性： 栖息于开阔平原、耕地、林缘等生境。常成小群活动，偶尔也见10只以上的大群。主要以昆虫为食，也吃植物果实与种子。繁殖时营巢于树洞或瓦房的屋脊、房檐和屋顶洞穴中，每窝产卵6枚。

地理分布： 我国特有种。在中国华北、华中、华南、东南和西南地区为常见留鸟，在台湾为不常见冬候鸟。

本地种群： 保护区内村落、林地、农田可见，有多年连续监测记录，数量较多，为常见的留鸟。

遇见月份： | 1 | 2 | 3 | 4 | 5 | 6 | 7 | 8 | 9 | 10 | 11 | 12 |

黑领椋鸟
Gracupica nigricollis

椋鸟科 Sturnidae
英文名： Black-collared Starling

形态特征： 体长约28cm。雌雄形态相似。额、头顶和枕部均白色，其后连于胸部的黑领圈；后颈的黑色杂以淡褐细斑，领环后缘并缀以灰白圈纹；腰白色；尾羽暗褐色，外侧尾羽具白色宽端斑；颏、喉和胸均白色；两胁沾褐，略呈横纹状；翅下覆羽褐白相间。嘴暗褐色、基部黑色；跗跖和趾绿黄色或褐黄色。

生态习性： 栖息于草地、农田、灌丛、荒地等生境。常成对或成小群活动，有时也见和八哥混群。白天在空中飞翔，且飞且鸣，夜间栖于高大乔木上。主要以甲虫、鳞翅目幼虫、蝗虫等昆虫为食，也吃蚯蚓、蜘蛛等其他无脊椎动物和植物果实与种子等。

地理分布： 主要分布于东南亚各国，国内分布于秦岭—淮河以南，包括台湾、海南。

本地种群： 保护区内农田可见，种群数量较少，罕见，居留型待定。

遇见月份： | 1 | 2 | 3 | 4 | 5 | 6 | 7 | 8 | 9 | 10 | 11 | 12 |

十九 雀形目
PASSERIFORMES

灰椋鸟
Spodiopsar cineraceus

椋鸟科 Sturnidae
英文名：White-cheeked Starling

形态特征：体长约22cm。雌雄形态相似。头顶至后颈黑色，额和头顶杂有白色，颊和耳覆羽白色微杂有黑色纵纹；上体灰褐色，尾上覆羽白色；颏白色，喉、胸、上腹和两胁暗灰褐色，腹中部和尾下腹羽白色。嘴橙红色，先端较暗，下嘴基部沾绿；跗跖和趾橙黄色。

生态习性：栖息于农田的开阔地区、矮草地、林地等生境。性喜成群，除繁殖期成对活动外，其他时候多成群活动。常在草甸、农田等地上觅食，休息时多栖于电线上、电柱上和树木枯枝上。主要以昆虫为食，也吃少量植物果实与种子。

地理分布：国内除西藏外全国各地可见，其中繁殖于东北、华北和西北地区，越冬或迁徙于河北、河南、山东南部往南至长江流域，东南沿海以及台湾等地。

本地种群：保护区内村落、林地、农田可见，有多年连续监测记录，数量较多，为常见的冬候鸟。

遇见月份：

1	2	3	4	5	6	7	8	9	10	11	12

白眉地鸫   鸫科 Turdidae
Geokichla sibirica   英文名：Siberian Thrush

形态特征：体长约23cm。雌雄形态差异显著。雄鸟通体暗蓝灰色或黑灰色，具长而粗著的白色眉纹；尾黑灰色或蓝灰色，外侧尾羽具宽的白色尖端；腹中部和尾下腹羽白色。雌鸟上体橄榄色，下体皮黄白色，胸和两胁具褐色横斑。嘴黑色，下嘴基部黄褐色；跗跖和趾黄色。

生态习性：栖息于混交林和针叶林等生境。地栖性，主要在地上活动和觅食，善于在地上行走和奔跑。性隐蔽，平时多隐藏在树枝叶丛中或在灌木和草本植物茂密的地方活动和觅食。主要食物为昆虫。

地理分布：分布于南亚、东亚，包括印度、日本、朝鲜等，国内除西北和青藏高原以外的广大地区均有分布。

本地种群：保护区内林地可见，有多年连续监测记录，种群数量较少，为罕见的旅鸟。

遇见月份：| 1 | 2 | 3 | 4 | 5 | 6 | 7 | 8 | 9 | 10 | 11 | 12 |

虎斑地鸫   鸫科 Turdidae
Zoothera aurea   英文名：White's Thrush

形态特征：体长约28cm。雌雄形态相似。上体从额至尾上覆羽呈鲜亮金橄榄褐色，满布黑色鳞片状斑；下体白色或棕白色，除颏、喉和腹中部外，亦具黑色鳞状斑。上嘴暗角褐色，下嘴基部较淡，先端较暗；跗跖和趾肉色或橙色。

生态习性：栖息于林地生境。常单独活动，性胆怯而机警，警戒时常停立不动，伸颈瞭望。主要以昆虫和蜗牛、蚯蚓等无脊椎动物为食，也吃少量植物果实、种子和嫩叶等植物性食物。

地理分布：国内分布广泛，其中繁殖于内蒙古东北部、东北地区的种群南迁至华南等地越冬，迁徙经过辽宁、河北、江苏等地。

本地种群：保护区内林地可见，有多年连续监测记录，种群数量较少，为罕见的旅鸟。

遇见月份：| 1 | 2 | 3 | 4 | 5 | 6 | 7 | 8 | 9 | 10 | 11 | 12 |

十九 雀形目
PASSERIFORMES

灰背鸫
Turdus hortulorum

鸫科 Turdidae
英文名：Grey-backed Thrush

形态特征：体长约22cm。雌雄形态略有差异。雄鸟上体石板灰色；颏、喉灰白色；胸淡灰色，两胁和翅下覆羽橙栗色，腹白色，两翅和尾黑色。雌性与雄鸟相似，下体亦然，但喉具褐斑，两侧斑点较稠密；胸部淡黄橄榄色，缀以大的三角形羽干斑。雄鸟嘴黄褐色，雌鸟嘴褐色；跗跖和趾肉黄色。

生态习性：栖息于林地生境。常单独或成对活动，春秋迁徙季节集成小群。地栖性，善于跳跃行走，多在地面活动或觅食。主要以鞘翅目、鳞翅目和双翅目等昆虫为食，也吃蚯蚓等其他动物和植物果实与种子。

地理分布：国内分布于除宁夏、西藏、青海外的各地，其中在东北为夏候鸟，长江以南为冬候鸟，迁徙期间经过河北、北京、山东、江苏等地。

本地种群：保护区内林地可见，有多年连续监测记录，种群数量较少，为不常见的旅鸟。

遇见月份：| 1 | 2 | 3 | 4 | 5 | 6 | 7 | 8 | 9 | 10 | 11 | 12 |

乌灰鸫
Turdus cardis

鸫科 Turdidae
英文名：Japanese Thrush

形态特征：体长约21cm。雌雄形态差异显著。雄鸟整个头、颈、颏、喉和胸部均为深黑色；其余上体黑色或黑灰色；其余下体白色，两胁和脚覆羽缀有灰色，腹和两胁具稀疏的黑色斑点。雌鸟上体橄榄色，耳羽具白色羽干纹；下体灰白色微沾栗红色，上胸灰色，喉、胸、两胁缀有黑褐色斑点。嘴春季黄色，秋季褐色；跗跖和趾黄色或褐色。

生态习性：栖息于林地生境。多单个活动，迁徙时可结小群。性羞怯、胆小、易受惊。地栖性，多在地面活动或觅食。主要以昆虫为食，也吃植物果实与种子。

地理分布：国内分布于长江流域及以南地区，包括台湾和海南，也向北扩散至北京、山东、河南南部，在湖北、安徽等地繁殖，在广西、广东等地为冬候鸟，其他地区为旅鸟。

本地种群：保护区内林地可见，有多年连续监测记录，种群数量较少，为不常见的旅鸟。

遇见月份：| 1 | 2 | 3 | 4 | 5 | 6 | 7 | 8 | 9 | 10 | 11 | 12 |

乌鸫
Turdus mandarinus
鸫科 Turdidae
英文名：Chinese Blackbird

形态特征： 体长约29cm。雌雄形态略有差异。雄鸟通体黑色、黑褐色或乌褐色，有的沾锈色或灰色，具窄的黄色眼圈；下体为黑褐色稍淡。雌鸟羽色和雄鸟大致相似，但较淡，喉、胸有暗色纵纹。嘴橙黄色或黄色；跗跖和趾黑色。

生态习性： 栖息于林地生境。常单独或成对活动，有时也集成小群。主要以金龟子、蚂蚁、蜻蜓等昆虫为食，也吃女贞、樟、构等植物的果实与种子等。繁殖时大都营巢于乔木的枝梢上或树木主干分支处，偶尔也在树的顶端，每窝产卵5～6枚。

地理分布： 国内分布于除西北、东北和青藏高原以外的广大地区，多为留鸟，在长江以北地区有部分种群为迁徙或游荡。

本地种群： 保护区内林地可见，有多年连续监测记录，种群数量较多，为十分常见的留鸟。

遇见月份：

1	2	3	4	5	6	7	8	9	10	11	12

白腹鸫
Turdus pallidus
鸫科 Turdidae
英文名：Pale Thrush

形态特征： 体长约24cm。雌雄形态略有差异。雄鸟头顶、枕等均棕灰褐色，额基褐色较浓；眼先、颊和耳羽黑褐，耳羽具浅黄白色细纹；上体余部大多橄榄褐色；胸及两胁褐灰色，腹部中央及尾下覆羽白色沾灰，但尾下覆羽具灰色或灰褐色斑点。雌鸟与雄鸟相似，但头部褐色较浓，喉偏白而略具细纹。上嘴灰色，下嘴黄色；跗跖和趾浅褐色。

生态习性： 栖息于林地生境。除繁殖期间单独或成对活动外，其他季节多成群。地栖性，多在地上活动和觅食。主要以昆虫为食，此外也吃蜗牛等其他小型无脊椎动物和植物果实与种子。

地理分布： 国内分布广泛，繁殖于东北等地，越冬于长江中下游及以南地区，迁徙期间经过东北、华北、华东等地，至华南和西藏东南部一带越冬。

本地种群： 保护区内林地可见，有多年连续监测记录，种群数量很少，为偶见的旅鸟。

遇见月份：

1	2	3	4	5	6	7	8	9	10	11	12

十九 雀形目
PASSERIFORMES

红尾斑鸫
Turdus naumanni

鸫科 Turdidae
英文名：Naumann's Thrush

形态特征：体长约23cm。雌雄形态相似。上体橄榄褐色，腰和尾上覆羽具栗色斑，或主要为棕红色，翅上棕红色，尾基部和外侧尾棕红；尾下腹羽棕红色，羽端白色。嘴黑褐色，下嘴基部黄色；跗跖与趾淡褐色。

生态习性：栖息于开阔林地、农田边缘等生境。迁徙及越冬时常集小群至大群活动，地栖性，多在地上活动和觅食。主要以昆虫为食，也吃其他小型无脊椎动物和植物果实与种子。

地理分布：国内分布于大部分地区，为旅鸟或冬候鸟，东部地区常见，西部地区偶见或罕见。

本地种群：保护区内林地可见，有多年连续监测记录，种群数量不多，为不常见的冬候鸟。

遇见月份：| 1 | 2 | 3 | 4 | 5 | 6 | 7 | 8 | 9 | 10 | 11 | 12 |

斑鸫
Turdus eunomus

鸫科 Turdidae
英文名：Dusky Thrush

形态特征：体长约24cm。雌雄形态相似。头及上体暗橄榄褐色杂有黑色，眉纹白色或棕白色；颊部棕白色，具黑色斑点；下体白色，喉、颈侧、两胁和胸具黑色斑点，有时在胸部密集成横带。嘴黑褐色，下嘴基部黄色；跗跖和趾褐色。

生态习性：栖息于林地生境。除繁殖期间成对活动外，其他季节多成群。地栖性，一般在地上活动和觅食。主要以昆虫为食，也吃蚯蚓、蜗牛等无脊椎动物和植物果实与种子。

地理分布：国内分布广泛，除西藏以外各地均有分布，在长江流域及以南地区为冬候鸟。

本地种群：保护区内林地可见，有多年连续监测记录，种群数量较多，为常见的冬候鸟。

遇见月份：| 1 | 2 | 3 | 4 | 5 | 6 | 7 | 8 | 9 | 10 | 11 | 12 |

蓝歌鸲　　鹟科 Muscicapidae
Luscinia cyane　　英文名：Siberian Blue Robin

形态特征：体长约13cm。雌雄形态差异显著。雄性上体自头顶以至尾巴暗蓝色；两翅暗褐色，翅上覆羽与背同色；下体纯白色。雌性上体橄榄褐，腰和尾上覆羽暗蓝；翅上的大覆羽具棕黄色末端；下体白色，胸羽缘以褐色，有时微沾皮黄色。嘴深黑色；跗跖和趾浅粉色。

生态习性：栖息于林地生境。常单独或成对活动，性胆怯，常匿窜于灌丛、芦苇和荆棘间，驰走时，尾部常做扇状上下摆动。地栖性，一般在地上活动和觅食。主要以昆虫为食，此外也吃蜘蛛等其他小型无脊椎动物。

地理分布：国内繁殖于东北地区，迁徙时见于中东部地区，西南和华南地区有越冬记录。

本地种群：保护区内林地可见，有多年连续监测记录，种群数量很少，为罕见的旅鸟。

遇见月份：| 1	2	3	4	5	6	7	8	9	10	11	12

红喉歌鸲（红点颏）　　鹟科 Muscicapidae
Calliope calliope　　英文名：Siberian Rubythroat

形态特征：体长约16cm。雌雄形态差异明显。雄鸟体羽大部分为纯橄榄褐色，颏、喉赤红色，围以黑色边缘，胸部灰色或灰褐色，腹部白色。雌鸟羽色与雄鸟大致相似，但颏部、喉部为白色，胸沙褐色。嘴暗褐色，基部色浅；跗跖和趾粉褐色。

生态习性：栖息于林地生境。常单独或成对活动。地栖性，一般在地上活动和觅食。大多在近水地面觅食，随走随啄，也在灌木丛低枝上觅食。主要以昆虫为食，包括直翅目、半翅目等，也吃少量植物性食物。

地理分布：国内繁殖期见于东北、青海东北部至甘肃南部及四川，越冬于华南、海南及台湾。

本地种群：保护区内林地可见，有多年连续监测记录，种群数量很少，为罕见的旅鸟。

遇见月份：| 1	2	3	4	5	6	7	8	9	10	11	12

十九 雀形目
PASSERIFORMES

红胁蓝尾鸲　鹟科 Muscicapidae
Tarsiger cyanurus　英文名：Orange-flanked Bluetail

形态特征：体长约15cm。雌雄形态差异显著。雄鸟头顶、上背、大腹羽和尾羽均为亮蓝色，两翼蓝褐色；下体污白色，两胁橙红色。雌鸟尾羽仍为蓝色，身体其他部位的蓝色为棕褐色所替代，两胁橙红色显著。嘴黑色；跗跖和趾淡红褐色。

生态习性：栖息于林地生境。常单独或成对活动，性虽隐匿，但不甚畏怯。主要为地栖性，一般在地上活动和觅食。主要以甲虫、天牛等昆虫为食，迁徙期也吃少量植物果实与种子等植物性食物。

地理分布：广泛分布于亚欧大陆的北部，国内繁殖于东北和西北，迁徙时经华东至长江以南等地越冬。

本地种群：保护区内村落、林地可见，有多年连续监测记录，种群数量不多，为不常见的冬候鸟。

遇见月份：| 1 | 2 | 3 | 4 | 5 | 6 | 7 | 8 | 9 | 10 | 11 | 12 |

鹊鸲　鹟科 Muscicapidae
Copsychus saularis　英文名：Oriental Magpie Robin

形态特征：体长约18cm。雌雄形态差异明显。雄鸟头、喉、胸、背、两翼和尾羽均为黑色，具金属辉光，翼具宽阔的白色条带；腹部白色。雌鸟似雄鸟，黑色为不同程度的灰色所代替，腹部白色略沾棕色。嘴黑色；跗跖和趾黑色。

生态习性：栖息于村落、林地等生境。单独或成对活动，性活泼、大胆。主要以昆虫，以及蜘蛛、小螺、蜈蚣等其他小型无脊椎动物为食，偶尔也吃植物果实与种子。繁殖时在树洞及建筑物洞穴中筑巢，巢主要由枯草、草根、细枝等构成，每窝产卵4~6枚。

地理分布：国内广泛分布于长江流域及以南地区，留鸟。

本地种群：保护区内林地可见，近年开始有监测记录，种群数量很少，为偶见的留鸟。

遇见月份：| 1 | 2 | 3 | 4 | 5 | 6 | 7 | 8 | 9 | 10 | 11 | 12 |

北红尾鸲
Phoenicurus auroreus

鹟科 Muscicapidae
英文名：Daurian Redstart

形态特征：体长约15cm。雌雄形态差异显著。雄鸟额、头顶至上背灰色或灰白色，下背和两翅黑色，具明显的白色翅斑，腰、尾上覆羽和尾橙棕色；前额基部、颊、喉和上胸为黑色，其余下体橙棕色。雌鸟上体橄榄褐色，两翅黑褐色具白斑；下体暗黄褐色，胸部沾棕色，腹中部近白色。嘴、跗跖和趾均为黑色。

生态习性：栖息于林地生境、河谷等生境。常单独或成对活动，性胆怯，见人或者干扰立刻藏匿于丛林中。动作敏捷，频繁地在地上和灌丛间跳来跳去，偶尔也在空中飞行捕食。主要以昆虫为食，偶尔吃浆果等。

地理分布：国内繁殖于东北、西南及河北等地，迁徙至华南、东南越冬。

本地种群：保护区内林地可见，有多年连续监测记录，数量较多，为常见的旅鸟或冬候鸟。

遇见月份：| 1 | 2 | 3 | 4 | 5 | 6 | 7 | 8 | 9 | 10 | 11 | 12 |

红尾水鸲
Rhyacornis fuliginosa

鹟科 Muscicapidae
英文名：Plumbeous Water Redstart

形态特征：体长约14cm。雌雄形态差异较为显著。雄鸟通体暗灰蓝色；翅黑褐色；尾栗红色，尾羽尖端缀有黑色。雌鸟上体蓝灰褐色；翅褐色，具两道白色点状斑；下体灰色，杂以不规则的白色细斑。嘴黑色；雄鸟跗跖和趾黑色，雌鸟暗褐色。

生态习性：栖息于山区溪流和河谷沿岸等生境。常单独或成对活动。主要以动物性食物为食，如鞘翅目、鳞翅目、双翅目等昆虫以及蜘蛛、马陆等其他无脊椎动物。也吃少量植物果实和种子。

地理分布：国内分布于华北、华东、华中、华南和西南以及台湾和海南岛等地。

本地种群：保护区内水域可见，有多年连续监测记录，种群数量很少，为罕见的留鸟。

遇见月份：| 1 | 2 | 3 | 4 | 5 | 6 | 7 | 8 | 9 | 10 | 11 | 12 |

十九 雀形目
PASSERIFORMES

紫啸鸫
Myophonus caeruleus
鹟科 Muscicapidae
英文名：Blue Whistling Thrush

形态特征：体长约32cm。雌雄形态相似。全身羽毛远观呈黑色，近看为深蓝紫色，各羽先端具亮紫色的水滴状斑。嘴、跗跖和趾均为黑色。

生态习性：栖息于林地生境。单独或成对活动。主要以昆虫为食，偶尔吃少量植物果实与种子。繁殖时营巢于溪边岩壁突出的岩石上或岩缝间，每窝产卵3～5枚。

地理分布：国内分布于华中、华东、华南、西南等地，在长江以北为夏候鸟，长江以南为留鸟。

本地种群：保护区林地可见，有多年连续监测记录，种群数量很少，为罕见的夏候鸟。

遇见月份：| 1 | 2 | 3 | 4 | 5 | 6 | 7 | 8 | 9 | 10 | 11 | 12 |

黑喉石䳭
Saxicola maurus
鹟科 Muscicapidae
英文名：Siberian Stonechat

形态特征：体长约14cm。雌雄形态差异明显。雄鸟头、喉部及飞羽黑色，但各羽具深棕色宽缘；颈及翼上具粗大的白斑；下腰和尾上覆羽白色沾棕；胸棕色。雌鸟色较暗而无黑色，喉部灰棕色近白。嘴、跗跖和趾黑色。

生态习性：栖息于草地、田间灌丛等生境。常单独或成对活动，平时喜欢站在灌木枝头和小树顶枝上，若遇飞虫或见到地面有昆虫活动时，则立即疾速飞往捕之。主要以昆虫为食，也吃蚯蚓、蜘蛛等其他无脊椎动物以及少量植物果实和种子。

地理分布：国内广泛分布，在东北、新疆及西南地区都有繁殖，北方繁殖种群迁徙经过华北至长江以南越冬。

本地种群：保护区内农田可见，有多年连续监测记录，种群数量极少，为偶见的旅鸟。

遇见月份：| 1 | 2 | 3 | 4 | 5 | 6 | 7 | 8 | 9 | 10 | 11 | 12 |

白喉矶鸫
Monticola gularis

鹟科 Muscicapidae
英文名：White-throated Rock Thrush

形态特征：体长约17cm。雌雄形态差异显著。雄鸟头顶和翅上覆羽钻蓝色；背、两翅和尾黑色，具白色翅斑，腰和下体栗色。雌鸟上体橄榄褐色，具黑色鳞状斑；下体呈斑杂状。嘴黑色；跗跖和趾肉褐色。

生态习性：栖息于多岩山地的林间。单独或成对活动，冬季结群。性机警而隐蔽。多在林下地面或灌丛间活动和觅食。几乎完全以昆虫为食，此外也吃蜘蛛和其他小型无脊椎动物。

地理分布：国内繁殖在内蒙古东北部呼伦贝尔盟等地，迁徙自繁殖地区遍及我国东部以至东南部和南部各有越冬。

本地种群：保护区内林地可见，有多年连续监测记录，种群数量很少，为罕见的旅鸟。

遇见月份：| 1 | 2 | 3 | 4 | 5 | 6 | 7 | 8 | 9 | 10 | 11 | 12 |

乌鹟
Muscicapa sibirica

鹟科 Muscicapidae
英文名：Dark-sided Flycatcher

形态特征：体长约13cm。雌雄形态较为相似。头及上体深烟灰色，具明显的白色眼圈；颏和喉白，通常具白色的半颈环；上胸和两胁灰褐色，具深色纵纹，下体余部白色。嘴、跗跖和趾均为黑色。

生态习性：栖息于林地生境。单独活动。树栖性，常站立于树木横枝上休息或寻觅食物，发现昆虫后飞至空中追逐，然后落回原枝。主要以昆虫为食。

地理分布：国内分布广泛，繁殖于东北黑龙江等地，迁徙时见于华北、华东，至华南等地越冬。

本地种群：保护区内林地可见，有多年连续监测记录，种群数量很少，为偶见的旅鸟。

遇见月份：| 1 | 2 | 3 | 4 | 5 | 6 | 7 | 8 | 9 | 10 | 11 | 12 |

十九 雀形目
PASSERIFORMES

北灰鹟
Muscicapa dauurica

鹟科 Muscicapidae
英文名：Asian Brown Flycatcher

形态特征：体长约13cm。雌雄形态相似。头及上体灰褐色，眼圈白色；下体白色，深灰色纵纹自胸延伸至腹部及两胁。嘴、跗跖和趾黑褐色。

生态习性：栖息于林地生境。常单独活动，常停歇在林下植被层及林间，立于裸露低枝，冲出捕捉过往飞虫，之后回到原处。食物全部为昆虫，其中以蝇类、蛾类为最多。

地理分布：国内分布广泛，在东北和内蒙古等地繁殖，迁徙时遍及我国东部和南部地区，至华南及东南亚越冬。

本地种群：保护区内林地可见，有多年连续监测记录，种群数量较少，为不常见的旅鸟。

遇见月份：

1	2	3	4	5	6	7	8	9	10	11	12

白眉姬鹟
Ficedula zanthopygia

鹟科 Muscicapidae
英文名：Yellow-rumped Flycatcher

形态特征：体长约13cm。雄雌形态差异较为显著。雄鸟前额、头顶、眼先、颊以及耳羽全为黑色；背和腰亮黄色，尾上覆羽和尾黑色；上翅黑色；喉和下体为亮柠檬黄色，尾下腹羽白色。雌鸟头顶和上体灰橄榄色；翅和尾乌褐色；颏至胸、胁浅黄色，下体其余发白。嘴、跗跖和趾黑色。

生态习性：栖息于林地生境。常单独或成对活动，多在树冠下层低枝处活动和觅食，也常飞到空中捕食飞行性昆虫，捉到昆虫后又落于较高的枝头上。主要以小型无脊椎动物为食，也取食小浆果。繁殖时在树洞、树枝或树干内营巢，每窝产卵4~8枚。

地理分布：国内广泛分布于东部地区，为东北、华北、华中等地的夏候鸟及旅鸟，其余各地为旅鸟。

本地种群：保护区内林地可见，有多年连续监测记录，种群数量很少，为罕见的旅鸟或夏候鸟。

遇见月份：

1	2	3	4	5	6	7	8	9	10	11	12

黄眉姬鹟
Ficedula narcissina

鹟科 Muscicapidae
英文名：Narcissus Flycatcher

形态特征：体长约13cm。雌雄差异较为显著。雄鸟上体黑色，具深黄色或橙黄色眉纹；翅上具白斑；下体深黄或亮橙黄色自颏延伸至胸部，下体余部白色。雌鸟较雄鸟略小，上体灰褐色；翅暗灰色；下体发白或皮黄色，喉、胸两侧形成深色阴影。嘴蓝黑色，跗跖和趾铅蓝色。

生态习性：栖息于林地生境。常单独或成对活动，很少与其他鸟类混群。多在树冠下层低枝处活动和觅食，也常飞到空中捕食飞行性昆虫，捉到昆虫后又落于较高的枝头上。主要以昆虫等小型无脊椎动物为食，也食一些植物的果实。

地理分布：迁徙时经过我国华北部分地区以及东部和东南沿海，越冬于海南及南亚地区。

本地种群：保护区内林地可见，有多年连续监测记录，种群数量较少，为罕见的旅鸟。

遇见月份：| 1 | 2 | 3 | 4 | 5 | 6 | 7 | 8 | 9 | 10 | 11 | 12 |

鸲姬鹟
Ficedula mugimaki

鹟科 Muscicapidae
英文名：Mugimaki Flycatcher

形态特征：体长约13cm。雌雄形态差异较为显著。雄鸟上体灰黑色，狭窄的白色眉纹于眼后，喉、胸及腹侧橘黄色；腹中部及尾下覆羽白色。雌鸟较雄鸟暗淡。嘴黑褐色；跗跖和趾褐色。

生态习性：栖息于林地生境。常单独或成对活动，迁徙时有时集小群，多在树冠下层低枝处活动和觅食，也常飞到空中捕食飞行性昆虫，捉到昆虫后又落于较高的枝头上。主要以昆虫为食。

地理分布：国内分布于东部地区，为东北地区的不常见夏候鸟，东南地区冬候鸟，迁徙经过中部地区。

本地种群：保护区内林地可见，有多年连续监测记录，种群数量极少，罕见的旅鸟。

遇见月份：| 1 | 2 | 3 | 4 | 5 | 6 | 7 | 8 | 9 | 10 | 11 | 12 |

十九 雀形目
PASSERIFORMES

红喉姬鹟
Ficedula albicilla

鹟科 Muscicapidae
英文名：Taiga Flycatcher

形态特征：体长约13cm。雌雄形态差异较为显著。雄鸟头及上体灰褐色，眼先、眼周白色；颏、喉繁殖期间橙红色，胸淡灰色，其余下体白色；非繁殖期颏、喉变为白色。雌鸟颏、喉白色，胸沾棕，其余同雄鸟。嘴、跗跖和趾黑色。

生态习性：栖息于林地生境。常单独或成对活动，常在树枝间来回跳跃，喜欢在近地面的灌丛中觅食。常将尾羽展开，轻轻上下摆动。主要以鞘翅目、鳞翅目、双翅目昆虫为食。

地理分布：在欧亚大陆北方繁殖，国内主要为旅鸟，各地均有记录，越冬于东南亚等地。

本地种群：保护区内林地可见，有多年连续监测记录，种群数量极少，为罕见的旅鸟。

遇见月份：| 1 | 2 | 3 | 4 | 5 | 6 | 7 | 8 | 9 | 10 | 11 | 12 |

白腹蓝姬鹟
Cyanoptila cyanomelana

鹟科 Muscicapidae
英文名：Blue-and-white Flycatcher

形态特征：体长约16cm。雌雄形态差异显著。雄鸟头及上体、翼、尾钴蓝色，外侧尾羽基部白色；前额下部和脸、颏、喉、胸、胁黑色，下体余部白色。雌鸟上体橄榄褐色，腰至尾转浅赤褐色；颈侧、喉、胸及两胁沾橄榄褐色，其余下体白色。嘴黑色；跗跖和趾暗灰色至紫褐色。

生态习性：栖息于林地生境。常单独或成对活动，常在林冠层以下的中上层觅食。以小型无脊椎动物为食，包括甲虫、蛾、蜜蜂成虫及幼虫。

地理分布：国内主要分布在东部地区，繁殖于东北地区，越冬于台湾、海南，迁徙经东部、中部和南部各地。

本地种群：保护区内林地可见，有多年连续监测记录，种群数量极少，罕见的旅鸟。

遇见月份：| 1 | 2 | 3 | 4 | 5 | 6 | 7 | 8 | 9 | 10 | 11 | 12 |

小太平鸟
Bombycilla japonica

太平鸟科 Bombycillidae
英文名：Japanese Waxwing

形态特征：体长约16cm左右。雌雄形态相似。头顶前部栗褐色，具簇状的羽冠；黑色的贯眼纹绕过冠羽延伸至头后；上体灰褐色，次级飞羽羽尖绯红。颔、喉黑色；胸、腹栗灰色；尾具黑色次端斑和红色端斑，尾下覆羽红色。嘴、跗跖和趾黑色。

生态习性：栖息于林地生境。常数十只或数百只聚集成群，性情活跃，喜不停地在树上跳上飞下。以植物果实及种子等为食，兼食少量昆虫。

地理分布：在西伯利亚东南部繁殖，越冬于日本、朝鲜等地。国内仅在黑龙江和吉林等东北边境地区繁殖，在山东、上海、江苏、浙江等地为冬候鸟。

本地种群：保护区内林地可见，偶然年份冬季有记录到小群，为少见的冬候鸟。

遇见月份：| 1 | 2 | 3 | 4 | 5 | 6 | 7 | 8 | 9 | 10 | 11 | 12 |

十九 雀形目
PASSERIFORMES

白腰文鸟
Lonchura striata

梅花雀科 Estrildidae
英文名：White-rumped Munia

形态特征：体长约10cm左右。雌雄形态相似。额、头顶前部、眼先、眼周、颊和嘴基均为黑褐色，头顶后部至背和两肩暗褐色，具白色羽干纹；两翅黑褐色，上胸栗色，具浅黄色羽干纹和淡棕色羽缘；腰白色，尾黑色；颏、喉黑褐色；下胸、腹和两胁灰白色，具细密褐色斑纹。上嘴黑色，下嘴蓝灰色；跗跖和趾蓝褐或深灰色。

生态习性：栖息于林地生境、灌丛，也会选择在农田生活。喜群居，常成群飞行。主要以稻谷、植物种子、果实等为食，也捕食昆虫。营巢于接近主干的茂密枝杈处，每窝产卵3～7枚。

地理分布：广泛分布于东南亚、南亚。国内主要分布于秦岭淮河以南地区，也向北扩散至山东地区，为留鸟。

本地种群：保护区内林地可见，有多年连续监测记录，但数量较少，为不常见的留鸟。

遇见月份：

1	2	3	4	5	6	7	8	9	10	11	12

山麻雀
Passer cinnamomeus

雀科 Passeridae
英文名： Japanese Waxwing

英 文 名：Russet Sparrow

形态特征：体长约13cm左右。雌雄形态略有差异。雄鸟颊、头侧白色；上体栗红色，背中央具黑色纵纹；颏、喉部中央黑色；下体灰白色或灰白色沾黄。雌鸟具褐色贯眼纹、黄白色眉纹，颊、头侧、颏、喉均为皮黄色；上体褐色，上背具褐色或黑色斑纹，下体浅灰棕色。嘴黑色；跗跖和趾黄褐色。

生态习性：栖息于林缘、灌丛和草丛中。常结群活动，主要以农作物、植物种子和果实、昆虫等为食。营巢于山坡、堤坝、桥梁洞穴中，也筑巢在房檐下和墙壁洞穴中，每窝产卵4～6枚。

地理分布：国内广泛分布于南方地区，除东北、西北和海南省外的各个地区，为留鸟。

本地种群：保护区内林地可见，有多年连续监测记录，种群数量不大，为偶见的留鸟。

遇见月份：| 1 | 2 | 3 | 4 | 5 | 6 | 7 | 8 | 9 | 10 | 11 | 12 |

麻雀
Passer montanus

雀科 Passeridae
英文名： Eurasian Tree Sparrow

形态特征：体长约14cm。雌雄形态相似。雄鸟头部栗褐色，眼先黑色；头侧白色具黑斑；上体褐色。颏和喉部中央黑色；下体皮黄灰色。雌鸟和雄鸟相似，但下体羽色较淡，喉部淡灰色。嘴黑色；跗跖和趾粉褐色。

生态习性：栖息于居民区。多结成小群活动。杂食性，主要以谷物、植物果实等为食，繁殖期间多以昆虫为食，雏鸟几乎全以昆虫为食。营巢于村庄、城镇等的房舍、庙宇、桥梁以及其他建筑物上，以屋檐和墙壁洞穴最为常见，每窝产卵4～8枚。

地理分布：国外广泛分布于欧亚大陆。国内见于各个地区，为留鸟。

本地种群：保护区内林地可见，有多年连续监测记录，且数量较多，为常见的留鸟。

遇见月份：| 1 | 2 | 3 | 4 | 5 | 6 | 7 | 8 | 9 | 10 | 11 | 12 |

十九 雀形目
PASSERIFORMES

山鹡鸰
Dendronanthus indicus

鹡鸰科 Motacillidae
英文名：Forest Wagtail

形态特征：体长约16cm左右。雌雄形态相似，雌鸟体色较淡。头部和上体为橄榄绿色，具白色眉纹；两翼黑褐色，具有2条白色横斑；下体白色，胸部具两道黑色横纹，下方的一道横纹有时不完整。嘴褐色，下嘴较淡；跗跖和趾偏粉色。

生态习性：栖息于林缘、河边。飞行时为典型的波浪状曲线，停歇时尾左右摆动。主要以昆虫为食，也吃蜗牛等无脊椎动物。常选择在树的水平侧枝上营巢，每窝产卵4～5枚。

地理分布：广泛分布于东亚、南亚和东南亚。国内主要分布于东部地区，北方地区为繁殖鸟，南方地区为留鸟。

本地种群：保护区内林地可见，有多年连续监测记录，种群数量较少，为罕见的繁殖鸟或过境鸟。

遇见月份：| 1	2	3	4	5	6	7	8	9	10	11	12

黄鹡鸰
Motacilla flava

鹡鸰科 Motacillidae
英文名：Eastern Yellow Wagtail

形态特征：体长约16cm。雌雄形态相似。头顶蓝灰色，具黄白色眉纹；上体橄榄绿色或灰色；两翼黑褐色，具两道黄白色翅斑；尾黑褐色，最外侧两对尾羽多为白色；下体黄色。嘴、跗跖和趾黑色。

生态习性：栖息于林缘、河边等开阔区域。多成群活动，喜欢在河边或河心石头上停歇，尾不停地上下摆动。主要以昆虫为食，多选择在地面捕食。

地理分布：广泛分布于欧亚大陆。见于我国各地，在东北地区繁殖，迁徙经过中部地区，越冬于南部沿海及台湾地区。

本地种群：保护区内水域、沼泽湿地可见，有多年的监测记录，种群数量较少，为偶见的旅鸟。

遇见月份：| 1	2	3	4	5	6	7	8	9	10	11	12

灰鹡鸰
Motacilla cinerea

鹡鸰科 Motacillidae
英文名：Grey Wagtail

形态特征：体长约18cm。雌雄形态略有差异。头灰色或深灰色；具白色眉纹和颧纹，眼先和耳羽灰黑色；上体灰褐色；两翼黑褐色，具一道白色翅斑；尾黑色，最外侧尾羽为白色；下体鲜黄色。雄鸟的颏、喉夏季为黑色，冬季为白色，雌鸟则四季都为白色。嘴黑褐色；跗跖和趾暗绿色或角褐色。

生态习性：栖息于水边或近水域的草地、农田等开阔地。常单独或成对活动。有时也集小群活动或与白鹡鸰混群。飞行呈波浪式。常停栖于突出物体上，尾不停地上下摆动。主要以昆虫为食，幼鸟多以水生昆虫为食。

地理分布：国外广泛分布于欧亚大陆北部。国内在东北及华中一带繁殖，迁徙经过华北、华东部分地区，越冬于长江以南地区。

本地种群：保护区内水域、沼泽湿地可见，有多年连续监测记录，春秋迁徙期大多数月份可见但数量不多，为不常见的旅鸟，有些个体冬季留居。

遇见月份：| 1 | 2 | 3 | 4 | 5 | 6 | 7 | 8 | 9 | 10 | 11 | 12 |

白鹡鸰
Motacilla alba

鹡鸰科 Motacillidae
英文名：White Wagtail

形态特征：体长约18cm。雌雄形态相似。前额和脸白色，头顶后部、枕部和后颈黑色；背、肩黑色或灰色；两翼黑色，具有白色翼斑。尾黑色，最外侧尾羽主要为白色。颏、喉白色或黑色；胸黑色，其余下体白色。嘴、跗跖和趾黑色。

生态习性：栖息于草地、水边等开阔地。常单独、成对或集小群活动。波浪式飞行，停歇时尾不停上下摆动。主要以昆虫为食，偶尔也吃植物种子和果实等。通常选择在水域附近营巢，每窝产卵数5～6枚。

地理分布：广泛分布于欧亚大陆。国内各地均有分布，在东北、西北和华北部分地区繁殖，越冬在南部、东南部及西南和西藏东南部。

本地种群：保护区内水域、沼泽湿地可见，有多年连续监测记录，全年可见且数量较多，为常见的留鸟。

遇见月份：| 1 | 2 | 3 | 4 | 5 | 6 | 7 | 8 | 9 | 10 | 11 | 12 |

十九 雀形目
PASSERIFORMES

田鹨 *Anthus richardi*
鹡鸰科 Motacillidae
英文名：Richard's Pipit

形态特征：体长约16cm左右。雌雄形态相似。头、上体多为黄褐色或棕黄色；头顶、肩部和背部具暗褐色纵纹；具黄白色眉纹；尾暗褐色，尾羽边缘黄褐色。颏和喉棕白色，喉两侧有一暗褐色纵纹；下体白色或皮黄白色，胸具宽阔的暗褐色纵纹。嘴褐色，上嘴基部和下嘴颜色较淡；跗跖和趾褐色。

生态习性：栖息于林缘、草地、农田以及沼泽地带。常单独或成对活动，多栖于地上或小灌木上。飞行时呈波浪式，多贴地面飞行。主要以昆虫为食，秋冬也会吃草籽等。

地理分布：在我国北方大部分地区为夏候鸟，南方部分地区为冬候鸟或留鸟，主要在东南亚、印度等地越冬。

本地种群：保护区内沼泽湿地可见，种群数量不大，罕见的旅鸟或夏候鸟。

遇见月份：| 1 | 2 | 3 | 4 | 5 | 6 | 7 | 8 | 9 | 10 | 11 | 12 |

树鹨 *Anthus hodgsoni*
鹡鸰科 Motacillidae
英文名：Olive-backed Pipit

形态特征：体长约15cm。雌雄形态相似。上体橄榄绿色，密布褐色纵纹，头部较明显，往后则逐渐变淡；眼先黄白色；具细长的黑色贯眼纹，眉纹棕黄色，耳后具一白斑；下体灰白色，胸和胁部具宽阔的黑褐色纵纹。上嘴黑色，下嘴肉黄色；跗跖和趾肉色或肉褐色。

生态习性：栖息于林地生境。多成对或成小群活动，迁徙期间会集成较大的群，常见在地上奔跑觅食。主要以昆虫为食，也吃蜘蛛、蜗牛等无脊椎动物，以及苔藓、谷物、草籽等植物性食物。

地理分布：国内分布广泛，在东北、华北、四川、云南等地繁殖，在长江以南地区为冬候鸟或旅鸟。

本地种群：保护区内林地可见，有多年的连续监测记录，整个越冬期均可见且数量较多，为常见的冬候鸟。

遇见月份：| 1 | 2 | 3 | 4 | 5 | 6 | 7 | 8 | 9 | 10 | 11 | 12 |

红喉鹨 *Anthus cervinus*

鹡鸰科 Motacillidae
英文名： Red-throated Pipit

形态特征： 体长约15cm。雌雄形态略有差异。雄鸟具棕红色眉纹，冬羽上体主要为黄褐色或棕褐色，具黑色羽干纹；颏、喉、胸部棕红色；其余下体淡棕黄色或黄褐色，胸、腹和胁部杂以稀疏的黑褐色纵纹。雌鸟和雄鸟大致相似，但喉为暗粉红色，其余下体皮黄白色，纵纹更明显。嘴黑色，基部肉色或褐色；跗跖和趾淡褐色。

生态习性： 栖息于林缘、草地、水域附近等区域。多成对活动，在地上行走觅食，性机敏，受到惊吓即飞到树枝或岩石上。主要以昆虫为食，食物缺乏时会以植物为食。

地理分布： 繁殖于欧亚大陆北部，迁徙经我国北方、华东和华中地区，在长江以南地区，海南岛和台湾等地区越冬。

本地种群： 保护区内水域、沼泽湿地可见，有多年的监测记录，罕见的旅鸟，一些个体越冬。

遇见月份： | 1 | 2 | 3 | 4 | 5 | 6 | 7 | 8 | 9 | 10 | 11 | 12 |

水鹨 *Anthus spinoletta*

鹡鸰科 Motacillidae
英文名： Water Pipit

形态特征： 体长16cm左右。雌雄形态相似。上体灰褐色，杂不明显黑褐色纵纹，具黄褐色眉纹；翅暗褐色，有两条白色翅斑；尾羽暗褐色，最外侧尾羽外侧为白色；颏、喉部污白色；下体暗黄色，胸部及两胁具黑褐色纵纹。嘴暗褐色；跗跖和趾肉色或暗褐色。

生态习性： 栖息于林缘、草地、河谷等各类生境。常单独或成对活动，迁徙期间会集大群活动，常见在地上奔跑觅食。性机警，受惊后立刻飞到附近树上，停歇时尾会上下摆动。主要以昆虫为食，也会取食一些植物种子。

地理分布： 分布于欧亚大陆，越冬于东亚、南亚。国内分布较广泛，在新疆西北部、青海、甘肃等地为夏候鸟，越冬于长江以南地区。

本地种群： 保护区内水域、沼泽湿地可见，有多年的监测记录，仅在越冬期部分月份可见且数量较少，为不常见的冬候鸟或旅鸟。

遇见月份： | 1 | 2 | 3 | 4 | 5 | 6 | 7 | 8 | 9 | 10 | 11 | 12 |

十九 雀形目
PASSERIFORMES

燕雀
Fringilla montifringilla

燕雀科 Fringillidae
英文名：Brambling

形态特征：体长约16cm。雌雄形态略有差异。雄鸟头至背灰黑色，背部具黄褐色羽缘；腰白色；两翼黑褐色，内侧飞羽具棕黄色外缘，翅上具明显白斑；尾黑色；颏、喉、胸橙棕色；腹至尾下覆羽白色；两胁棕黄色，杂以黑色斑点。雌鸟和雄鸟大致相似，但体色较浅淡。嘴黄色，嘴端部黑色；跗跖和趾暗褐色。

生态习性：栖息于林地生境。繁殖期多成对活动，其他季节则成群活动。主要以果实、种子等为食，喜食杂草种子，也会取食树木种子、果实，繁殖期则以昆虫为主要食物。

地理分布：广泛分布于欧亚大陆北部。国内除青藏高原和海南岛外，均有分布，多为旅鸟和冬候鸟。

本地种群：保护区内林地可见，有多年连续的监测记录，越冬期各月份均有记录，为常见的冬候鸟。

遇见月份：| 1 | 2 | 3 | 4 | 5 | 6 | 7 | 8 | 9 | 10 | 11 | 12 |

黑尾蜡嘴雀
Eophona migratoria

燕雀科 Fringillidae
英文名：Chinese Grosbeak

形态特征：体长约17cm。雌雄形态差异显著。雄鸟头辉黑色，两翅黑色，具白色翼斑，尾黑色；颏和上喉黑色；下体灰褐色，腹白色，胁部棕黄色。雌鸟头灰褐色，其余似雄鸟。嘴粗厚、橙黄色，嘴基、嘴尖和会合线蓝黑色；跗跖和趾肉红色。

生态习性：栖息于林地生境。繁殖期间单独或成对活动，非繁殖期成群。性格活泼大胆，常在枝叶间跳跃或来回飞翔。主要以种子、果实、草籽、嫩叶、嫩芽等为食，也取食昆虫。营巢于乔木的横枝上，巢呈杯状或碗状，每窝产卵3~7枚。

地理分布：分布于东亚、南亚、东南亚地区。在我国东北、华北以及长江流域繁殖，越冬迁至华南和台湾地区。

本地种群：保护区内林地可见，有多年的监测记录，全年各月份均有记录且数量较多，为十分常见的留鸟。

遇见月份：| 1 | 2 | 3 | 4 | 5 | 6 | 7 | 8 | 9 | 10 | 11 | 12 |

黑头蜡嘴雀
Eophona personata

燕雀科 Fringillidae
英文名：Japanese Grosbeak

形态特征：体长约20cm。雌雄形态略有差异。似黑尾蜡嘴雀，但头部黑色面积较小，嘴黄色，无蓝黑色端部；上体灰色，两翅黑色，仅具一块白色翼斑；尾黑色；颏黑色，其余下体灰褐色。雌鸟头部黑色形状比雄鸟略圆润，上体比较褐灰。嘴黄色；跗跖和趾肉红色。

生态习性：栖息于林地生境。除繁殖期成对生活外，多集小群活动。性情活泼好动，不停地在树枝间跳跃、飞翔。食物组成随季节而变化，主要以种子、果实、草籽、嫩叶、嫩芽等植物性食物为食，也吃昆虫。

地理分布：分布于东亚地区，国内繁殖于东北部分地区，越冬于东南沿海地区和珠江流域，其他地区多为旅鸟。

本地种群：保护区内林地可见，有多年的连续监测记录，为不常见的旅鸟，少数越冬。

遇见月份：| 1 | 2 | 3 | 4 | 5 | 6 | 7 | 8 | 9 | 10 | 11 | 12 |

金翅雀
Chloris sinica

燕雀科 Fringillidae
英文名：Grey-capped Greenfinch

形态特征：体长约13cm。雌雄形态略有差异。雄鸟头顶至后颈暗灰色，眼先、眼周灰黑色；上体栗棕色；翅黑色，具一块大的金黄色块斑；腰金黄色。颏和喉部黄绿色，下体黄色沾棕；外侧尾羽基部和臀部亮黄色。雌鸟和雄鸟相似，但羽色较暗淡。嘴肉粉色；跗跖和趾淡红色。

生态习性：栖息于林地生境。性活跃，常集小群活动于树木间，也常见到地面觅食。主要以植物的果实和种子为食，也吃农作物。

地理分布：分布于东亚、东南亚地区。国内见于东北、华北、华东、华南及华中大部分地区，多为留鸟。

本地种群：保护区内林地可见，有多年的连续监测记录，春秋季更常被记录到，为常见的留鸟。

遇见月份：| 1 | 2 | 3 | 4 | 5 | 6 | 7 | 8 | 9 | 10 | 11 | 12 |

十九 雀形目
PASSERIFORMES

黄雀　燕雀科 Fringillidae
Spinus spinus　英文名：Eurasian Siskin

形态特征：体长约11cm。雌雄形态略有差异。雄鸟额、头顶黑色，颊和耳羽暗绿色，具亮黄色眉纹；上体黄绿色；翅膀黑色，翼斑亮黄色；腰黄色；颏和喉部中央黑色，喉侧、颈侧、胸部亮黄色；其余下体颜色较暗，有浅黑色斑纹。雌鸟相比雄鸟，头顶无黑色，体羽更多为橄榄绿色而非黄绿色；下体具有较粗的黑褐色羽干纹。嘴暗褐色，下嘴颜色较淡；跗跖和趾暗褐色。

生态习性：栖息于林地生境。繁殖期成对活动，其他时期多集群活动。性活跃，常集小群活动于树木间。食物组成随季节和地区变化，主要以各种植物的果实和种子为食，也会捕食昆虫。

地理分布：国内除西藏、宁夏外均有记录，繁殖于我国东北北部，在长江中下游及以南地区越冬，其他地区为旅鸟。

本地种群：保护区内林地可见，有多年的连续监测记录，整个越冬期都有记录且数量较多，为常见的冬候鸟。

遇见月份：

1	2	3	4	5	6	7	8	9	10	11	12

三道眉草鹀　鹀科 Emberizidae
Emberiza cioides　英文名：Meadow Bunting

形态特征：体长16cm左右。雌雄形态略有差异。雄鸟头顶至后颈以及耳羽深栗红色，眉纹白色，眼先和颧纹黑色，颧纹上方有一条白带；上体栗红色，具黑色羽干纹；颊、喉灰白色；上胸栗红色，呈明显横带；下体余部棕褐色。雌鸟体色总体上较淡，尤以头部棕色替代雄鸟的黑色部分。上嘴灰黑色，下嘴较浅；跗跖和趾肉黄色。

生态习性：栖息于灌丛、林地。繁殖期间多成对或单独活动，非繁殖期集小群活动。繁殖期主要以昆虫为食，非繁殖期主要以野生草籽等植物性食物为食。

地理分布：国内广泛分布，见于东北、西北、华北、华中及华东，多为留鸟。

本地种群：保护区内林地、旷野、沼泽湿地可见，有多年的监测记录，种群数量不大，春季容易遇

见，为偶见的留鸟。

遇见月份：

1	2	3	4	5	6	7	8	9	10	11	12

白眉鹀
Emberiza tristrami

鹀科 Emberizidae
英文名： Tristram's Bunting

形态特征： 体长约15cm。雌雄形态略有差异。雄鸟头黑色，中央冠纹、眉纹和颚纹为白色；背、肩栗褐色具黑色纵纹；腰和尾上覆羽栗色；颏、喉黑色，胸栗色，其余下体白色。雌鸟和雄鸟相似，体色总体上较淡。嘴褐色，下嘴基部肉色；跗跖和趾肉色。

生态习性： 栖息于灌丛、林地。繁殖期单独或成对活动，迁徙期常集群活动。在林下灌丛和草丛中活动和觅食。主要以草籽、谷物为食，也食昆虫等。

地理分布： 繁殖于俄罗斯远东地区和我国东北林区，越冬于长江以南地区，迁徙时途经华东沿海地区。

本地种群： 保护区内林地、旷野可见，有多年的连续监测记录，为不常见的旅鸟。

遇见月份： | 1 | 2 | 3 | 4 | 5 | 6 | 7 | 8 | 9 | 10 | 11 | 12 |

小鹀
Emberiza pusilla

鹀科 Emberizidae
英文名： Little Bunting

形态特征： 体长约13cm。雌雄形态大体相似。雄鸟头部栗色，头顶两侧各具一黑色宽带；眉纹红褐色，耳羽暗栗色，边缘黑色；上体沙褐色，背部具暗褐色纵纹；下体偏白，胸和两胁具黑色纵纹。雌鸟羽色较淡，两侧的黑色冠纹不明显。上嘴近黑色，下嘴灰褐色；跗跖和趾肉褐色。

生态习性： 栖息于灌丛、林地生境。繁殖期常单独或成对活动，其他时期则多集群活动，常见在草丛间或在灌木中跳跃。繁殖期多以昆虫为食，非繁殖期则主要以种子、果实等植物性食物为食。

地理分布： 繁殖于欧亚大陆北部，越冬于南亚和东南亚地区。国内繁殖于内蒙古和黑龙江部分地区，在长江以南地区越冬。

本地种群： 保护区内林地、旷野、沼泽湿地可见，有多年的连续监测记录，整个越冬期都可见，为常见的冬候鸟。

遇见月份： | 1 | 2 | 3 | 4 | 5 | 6 | 7 | 8 | 9 | 10 | 11 | 12 |

十九 雀形目
PASSERIFORMES

黄眉鹀
Emberiza chrysophrys

鹀科 Emberizidae
英文名：Yellow-browed Bunting

形态特征：体长15cm左右。雌雄形态大体相似。雄鸟头顶、枕部黑色，头顶有一白色冠纹，具亮黄色眉纹，耳羽棕褐色，颚纹白色；上体褐色，后背、腰和尾上覆羽色偏栗红色；颏、喉部黄白色；其余下体白色杂以细长纵纹。雌鸟体形较小，体色较淡，下体条纹比较稀少。上嘴褐色，下嘴肉色；跗跖和趾肉褐色。

生态习性：栖息于灌丛、林地。多集小群生活或单独活动，也会与其他鹀类混群。常见在地面觅食，在树上停歇。以杂草种子、叶芽和谷物等植物性食物为食，也吃昆虫等动物性食物。

地理分布：繁殖于西伯利亚东部，国内东北、华北为迁徙过境鸟，长江以南地区多为冬候鸟。

本地种群：保护区内林地、旷野可见，有多年的连续监测记录，冬季更常见但数量不多，为不常见的冬候鸟。

遇见月份：| 1 | 2 | 3 | 4 | 5 | 6 | 7 | 8 | 9 | 10 | 11 | 12 |

田鹀
Emberiza rustica

鹀科 Emberizidae
英文名： Rustic Bunting

形态特征： 体长15cm左右。雌雄形态大体相似。雄鸟头部黑色，具白色眉纹，耳羽上有一白色斑点；上体背栗红色，背部具黑色纵纹，翼及尾部灰褐色；颊、喉以及下体白色，胸部及两胁栗色。雌鸟与雄鸟相似，头部棕黄色，其余部分羽色较雄鸟浅。上嘴黑褐色，下嘴肉色；跗跖和趾肉红色。

生态习性： 栖息于开阔地带的草丛和灌丛。迁徙时集群活动，越冬期多分散或单独活动。大胆，不怕人。多在地面觅食，主要以草籽、谷物等植物性食物为食，也捕食昆虫、蜘蛛等。

地理分布： 繁殖于欧亚大陆北部，迁徙经过东北和西北，华北及其以南地区主要为冬候鸟。

本地种群： 保护区内林地、旷野、农田可见，有多年的连续监测记录，整个越冬期均可见且数量较多，为常见的冬候鸟。

遇见月份：

1	2	3	4	5	6	7	8	9	10	11	12

黄喉鹀
Emberiza elegans

鹀科 Emberizidae
英文名： Yellow-throated Bunting

形态特征： 体长约15cm。雌雄形态大体相似。雄鸟头部黑色；眉纹前段白色、后段鲜黄色，延伸到枕部相接；后颈部灰黑色；背部栗色；颏黑色，喉部黄色；胸部有一半月形黑斑，其余下体白色或灰白色。雌鸟和雄鸟相似，但羽色较淡，头部褐色，前胸无黑色半月形斑。上嘴黑褐色，下嘴肉色；跗跖和趾肉色。

生态习性： 栖息于林缘灌丛中。非繁殖期常集小群活动。性格活泼但胆小，喜在灌丛与草丛中来回跳跃，常见在林下灌丛、草丛中或地上觅食，主要以昆虫为食，也会取食植物。

地理分布： 国内见于大部分地区，在东北、华中、西南地区有繁殖，越冬于南方及东南沿海。

本地种群： 保护区内林地、旷野农田可见，有多年的连续监测记录，整个越冬期均可见且数量较多，为常见的冬候鸟。

遇见月份：

1	2	3	4	5	6	7	8	9	10	11	12

十九 雀形目
PASSERIFORMES

灰头鹀
Emberiza spodocephala

鹀科 Emberizidae
英文名：Black-faced Bunting

形态特征：体长约14cm。雌雄形态大体相似。雄鸟嘴基、眼先、颊和颏灰黑色；头部和颈灰绿色；上体褐色，具黑褐色羽干纹；胸灰色，胸侧和两胁具黑褐色纵纹。雌鸟通体棕褐色，后颈灰色；眉纹、颊纹淡黄色；胸黄色，其余与雄鸟相似。上嘴棕褐，下嘴色浅；跗跖和趾肉色。

生态习性：栖息于灌丛、林地生境。非繁殖期常集小群活动，多在灌丛和草丛中活动，很少在树上活动觅食。主要以昆虫为食，偶尔取食草籽、谷物、果实等植物性食物。

地理分布：国内除西藏、内蒙古等部分地区均有分布，繁殖于东北、西北和西南等地，迁徙时经过华北地区，越冬至华南等地。

本地种群：保护区内林地、旷野、沼泽湿地可见，有多年的连续监测记录，整个越冬期均可见且数量较多，为常见的冬候鸟。

遇见月份：

1	2	3	4	5	6	7	8	9	10	11	12

苇鹀
Emberiza pallasi

鹀科 Emberizidae
英文名：Pallas's Bunting

形态特征：体长约14cm。雌雄形态差异明显。雄鸟夏羽和冬羽不同，冬羽头黄褐色，具黑色斑纹，眉纹棕黄色；颈环黄白色；背、肩栗黄色，杂以褐色羽干纹；腰及尾上覆羽浅黄色；颏和喉黄褐色；其余下体白色杂黄褐色。雌鸟似非繁殖期雄鸟，颏和喉白色；喉侧和胸部有红褐色纵纹；胁部有褐色条纹。上嘴黑褐，下嘴黄色；跗跖和趾肉色。

生态习性：栖息于芦苇沼泽。性情非常活泼，喜在草丛或灌丛中反复起落飞翔，常在地面或在树枝上觅食。越冬期主要以芦苇种子、杂草种子为食，也取食昆虫、虫卵及少量谷物。

地理分布：国内分布于整个东部地区，自黑龙江至台湾、香港均有分布，多为冬候鸟和旅鸟。

本地种群：保护区内沼泽湿地可见，有多年的连续监测记录，冬季可见但数量较少，为不常见的冬候鸟。

遇见月份：

1	2	3	4	5	6	7	8	9	10	11	12

芦鹀
Emberiza schoeniclus

鹀科 Emberizidae
英文名：Reed Bunting

形态特征：体长15cm左右。雌雄形态差异明显。雄鸟夏羽和冬羽不同，冬羽头部黑棕黄色，浅黄色眉纹逐渐显现；颚纹白色；白色颈圈变浅褐色；上体浅栗色，具黑色纵纹。颏、喉至上胸中央黑色，羽缘白色；其余下体白色，胸部和胁部具浅栗色纵纹。雌鸟似雄鸟非繁殖羽，但是头部赤褐色具黑色纵纹，眉纹白色；颈环不明显；颏、喉白色，胸部和胁部有红褐色条纹。嘴黑褐色；跗跖和趾肉色。

生态习性：栖息于芦苇生境。除繁殖期成对外，多结群生活，性活泼。杂食性，越冬时主要以芦苇种子为食，也捕食一些昆虫等。

地理分布：国内见于东北、内蒙古、新疆以及东部地区，在黑龙江地区有繁殖，越冬于东部沿海地区。

本地种群：保护区内沼泽湿地可见，有多年的监测记录，越冬期可见但数量较少，为偶见的冬候鸟。

遇见月份：

| 1 | 2 | 3 | 4 | 5 | 6 | 7 | 8 | 9 | 10 | 11 | 12 |

参考文献

戴洪刚, 杨志军, 2002. 洪泽湖湿地生态调查研究与保护对策[J]. 环境科学与技术(2): 37-39, 50.

纪涛, 2007. 洪泽湖湿地国家级自然保护区物种多样性与生态规划研究[D]. 南京: 南京林业大学.

江林, 2001. 洪泽湖杨毛嘴湿地自然保护区[N]. 农民日报.

静文, 2004. 洪泽湖湿地保护区新添全球濒危鸟类[N]. 新华日报.

李爱民, 陆上岭, 2016. 86只东方白鹳再现江苏泗洪洪泽湖湿地国家级自然保护区[J]. 湿地科学与管理, 12(1): 57.

李超, 周景英, 龚明昊, 等, 2021. 大鸨东方亚种在中国的分布[J]. 生态学杂志, 40(6): 1793-1801.

李成之, 陆上岭, 黄元国, 等, 2020. 洪泽湖湿地保护区冬季雁鸭类群落分布及年际变化[J]. 江苏林业科技, 47(6): 14-18.

李久恩, 2012. 微山湖鸟类群落多样性及其影响因子[D]. 曲阜: 曲阜师范大学.

李敏, 钱法文, 武爱明, 等, 2021. 白鹤重要中途停歇地的识别及其土地利用格局变化研究[J]. 湿地科学, 19(3): 304-316.

刘伶, 刘红玉, 李玉凤, 等, 2018. 苏北地区丹顶鹤越冬种群数量及栖息地分布动态变化[J]. 生态学报, 38(3): 926-933.

刘威, 胡超超, 伊剑锋, 等, 2020. 青头潜鸭种群状况及其潜在适宜生境分布. 湿地科学, 18(4): 387-396.

鲁树林, 1991. 江苏泗洪县大鸨越冬自然保护区考察[J]. 资源开发与保护 (4): 214.

鲁长虎, 2015. 江苏鸟类[M]. 北京: 中国林业出版社.

鲁长虎, 唐剑, 袁安全, 2008. 洪泽湖冬春季鱼塘生境中鸻鹬类群落特征与栖息模式[J]. 动物学杂志(1): 56-62.

邱新天, 尹心安, 刘洪蕊, 等, 2020. 面向鸟类栖息地保护的洪泽湖湿地植被种植方案研究[J]. 水生态学杂志, 41(5): 107-114.

王国祥, 马向东, 常青, 2014. 江苏泗洪洪泽湖湿地国家级自然保护区科学考察报告[M]. 北京: 科学出版社.

晏安厚, 1983. 对凤头麦鸡的初步观察[J]. 野生动物(4): 58.

约翰, 马敬能, 卡伦·菲利普斯, 何芬齐, 2000. 中国鸟类野外手册[M]. 长沙: 湖南教育出版社.

章雷, 2008. 洪泽农场鸟类自然保护区现状及发展建议[J]. 现代农业科技, 490(20): 317, 320.

郑光美, 2017. 中国鸟类分类与分布名录[M]. 3版. 北京: 科学出版社.

周亚琳, 2007. 骆马湖湿地资源调查及生态保护研究[D]. 南京: 南京林业大学.

附　表

江苏泗洪洪泽湖湿地国家级自然保护区鸟类名录

目	科	序号	中文名	学名	保护等级	IUCN	区系	居留型
鸡形目 GALLIFORMES	雉科 Phasianidae	1	鹌鹑	Coturnix japonica		NT	广	留
		2	环颈雉	Phasianus colchicus			古	留
雁形目 ANSERIFORMES	鸭科 Anatidae	3	鸿雁	Anser cygnoides	II	VU	古	冬
		4	豆雁	Anser fabalis			古	冬
		5	灰雁	Anser anser			古	冬
		6	白额雁	Anser albifrons	II		古	冬
		7	小天鹅	Cygnus columbianus	II		古	冬
		8	翘鼻麻鸭	Tadorna tadorna			古	冬
		9	赤麻鸭	Tadorna ferruginea			古	冬
		10	鸳鸯	Aix galericulata	II		古	冬
		11	棉凫	Nettapus coromandelianus	II		广	夏
		12	赤膀鸭	Mareca strepera			古	冬
		13	罗纹鸭	Mareca falcata		NT	古	冬
		14	赤颈鸭	Mareca penelope			古	冬
		15	绿头鸭	Anser platyrhynchos			古	冬
		16	斑嘴鸭	Anser poecilorhyncha			广	
		17	针尾鸭	Anas acuta			广	冬
		18	绿翅鸭	Anas crecca			古	冬
		19	琵嘴鸭	Spatula clypeata			古	冬
		20	白眉鸭	Spatula querquedula			古	冬
		21	花脸鸭	Sibirionetta formosa	II		古	冬
		22	红头潜鸭	Aythya ferina		VU	古	冬
		23	青头潜鸭	Aythya baeri	I	CR	古	冬
		24	白眼潜鸭	Aythya nyroca		NT	古	冬
		25	凤头潜鸭	Aythya fuligula			古	冬
		26	斑头秋沙鸭	Mergellus albellus	II		古	冬
		27	普通秋沙鸭	Mergus merganser			古	冬

(续表)

目	科	序号	中文名	学名	保护等级	IUCN	区系	居留型
䴙䴘目 PODICIPEDIFORMES	䴙䴘科 Podicipedidae	28	小䴙䴘	*Tachybaptus ruficollis*			广	留
		29	凤头䴙䴘	*Podiceps cristatus*			古	冬
鸽形目 COLUMBIFORMES	鸠鸽科 Columbidae	30	山斑鸠	*Streptopelia orientalis*			广	留
		31	灰斑鸠	*Streptopelia decaocto*			广	留
		32	火斑鸠	*Streptopelia tranquebarica*			广	夏
		33	珠颈斑鸠	*Streptopelia chinensis*			东	留
夜鹰目 CAPRIMULGIFORMES	夜鹰科 Caprimulgidae	34	普通夜鹰	*Caprimulgus indicus*			广	留
	雨燕科 Apodidae	35	白腰雨燕	*Apus pacificus*			广	夏
鹃形目 CUCULIFORMES	杜鹃科 Cuculidae	36	小鸦鹃	*Centropus bengalensis*	II		广	夏
		37	噪鹃	*Eudynamys scolopacea*			广	夏
		38	大鹰鹃	*Hierococcyx sparverioides*			东	夏
		39	四声杜鹃	*Cuculus micropterus*			广	夏
		40	大杜鹃	*Cuculus canorus*			广	夏
鸨形目 OTIDIFORMES	鸨科 Otididae	41	大鸨	*Otis tarda*	I	VU	古	冬
鹤形目 GRUIFORMES	秧鸡科 Rallidae	42	普通秧鸡	*Rallus aquaticus*			古	旅
		43	白胸苦恶鸟	*Amaurornis phoenicurus*			东	夏
		44	董鸡	*Gallicrex cinerea*			东	夏
		45	黑水鸡	*Gallinula chloropus*			广	留
		46	白骨顶	*Fulia atra*			广	冬
	鹤科 Gruidae	47	白鹤	*Grus leucogeranus*	I	CR	古	旅
		48	丹顶鹤	*Grus japonensis*	I	EN	古	冬
鸻形目 CHARADIIFORMES	反嘴鹬科 Recurvirostridea	49	黑翅长脚鹬	*Himantopus himantopus*			广	冬
		50	反嘴鹬	*Recurvirostra avosetta*			古	冬
	鸻科 Charadriidae	51	凤头麦鸡	*Vanellus vanellus*		NT	古	冬
		52	灰头麦鸡	*Vanellus cinereus*			古	旅
		53	金鸻	*Pluvialis fulva*			古	旅
		54	金眶鸻	*Charadrius dubius*			广	旅
		55	环颈鸻	*Charadrius alexandrinus*			广	留
		56	铁嘴沙鸻	*Charadrius leschenaultii*			古	旅
		57	东方鸻	*Charadrius veredus*			古	旅

(续表)

目	科	序号	中文名	学名	保护等级	IUCN	区系	居留型
鸻形目 CHARADIIFORMES	彩鹬科 Rostratulidae	58	彩鹬	*Rostratula benghalensis*			广	留
	水雉科 Jacanidae	59	水雉	*Hydrophasianus chirurgus*	II		东	夏
	鹬科 Scolopacidae	60	针尾沙锥	*Gallinago stenura*			古	旅
		61	扇尾沙锥	*Gallinago gallinago*			古	冬
		62	黑尾塍鹬	*Limosa limosa*			古	旅
		63	白腰杓鹬	*Numenius arquata*			古	旅
		64	鹤鹬	*Tringa erythropus*			古	旅
		65	红脚鹬	*Tringa totanus*			古	冬
		66	泽鹬	*Tringa stagnatilis*			古	旅
		67	青脚鹬	*Tringa nebularia*			古	旅
		68	白腰草鹬	*Tringa ochropus*			古	冬
		69	林鹬	*Tringa glareola*			古	旅
		70	矶鹬	*Actitis hypoleucos*			古	冬
		71	三趾滨鹬	*Calidris alba*			古	旅
	燕鸻科 Glareolidae	72	普通燕鸻	*Glareola maldivarum*			广	夏
	鸥科 Laridae	73	红嘴鸥	*Chroicocephalus ridibundus*			古	冬
		74	普通海鸥	*Larus canus*			古	冬
		75	西伯利亚银鸥	*Larus smithsonianus*			古	冬
		76	白额燕鸥	*Sterna albifrons*			广	夏
		77	普通燕鸥	*Sterna hirundo*			古	旅
		78	灰翅浮鸥	*Chlidonias hybrida*			广	夏
		79	白翅浮鸥	*Chlidonias leucopterus*			古	旅
鹳形目 CICONIIFORMES	鹳科 Ciconiidae	80	黑鹳	*Ciconia nigra*	I		古	冬
		81	东方白鹳	*Ciconia boyciana*	I	EN	古	冬
鲣鸟目 SULIFORMES	鸬鹚科 Phalacrocoracidae	82	普通鸬鹚	*Phalacrocorax carbo*			广	夏
鹈形目 PELECANIFORMES	鹮科 Threskiornithidae	83	白琵鹭	*Platalea leucorodia*	II		古	冬
		84	黑脸琵鹭	*Platalea minor*	I	EN	广	旅
	鹭科 Ardeidae	85	大麻鳽	*Botaurus stellaris*			广	冬
		86	黄斑苇鳽	*Ixobrychus sinensis*			广	夏
		87	栗苇鳽	*Ixobrychus cinnamomeus*			广	夏

（续表）

目	科	序号	中文名	学名	保护等级	IUCN	区系	居留型
鹈形目 PELECANIFORMES	鹭科 Ardeidae	88	黑苇鳽	*Ixobrychus flavicollis*			广	夏
		89	夜鹭	*Nycticorax nycticorax*			广	留
		90	池鹭	*Ardeola bacchus*			广	夏
		91	牛背鹭	*Bubulcus ibis*			广	夏
		92	苍鹭	*Ardea cinerea*			广	留
		93	草鹭	*Ardea purpurea*			广	夏
		94	大白鹭	*Ardea alba*			广	冬
		95	中白鹭	*Ardea intermedia*			广	夏
		96	白鹭	*Egretta garzetta*			广	夏
鹰形目 ACCIPITRIFORMES	鹗科 Pandionidae	97	鹗	*Pandion haliaetus*	II		广	旅
	鹰科 Accipitridae	98	黑翅鸢	*Elanus caeruleus*	II		广	旅
		99	黑冠鹃隼	*Aviceda leuphotes*	II		东	留
		100	秃鹫	*Aegypius monachus*	I	NT	古	旅
		101	雀鹰	*Accipiter nisus*	II		古	冬
		102	苍鹰	*Accipiter gentilis*	II		古	旅
		103	白腹鹞	*Circus spilonotus*	II		广	冬
		104	白尾鹞	*Circus cyaneus*	II		古	冬
		105	鹊鹞	*Circus melanoleucos*	II		古	冬
		106	黑鸢	*Milvus migrans*	II		广	留
		107	普通鵟	*Buteo buteo*	II		古	旅
鸮形目 STRIGIFORMES	鸱鸮科 Strigidae	108	红角鸮	*Otus sunia*	II		广	留
		109	斑头鸺鹠	*Glaucidium cuculoides*	II		东	留
		110	纵纹腹小鸮	*Athene noctua*	II		古	留
		111	短耳鸮	*Asio flammeus*	II		广	冬
	草鸮科 Tytonidae	112	草鸮	*Tyto longimembris*	II		广	留
犀鸟目 BUCEROTIFORMES	戴胜科 Upupidae	113	戴胜	*Upupa epops*			广	夏
佛法僧目 CORACIIFORMES	佛法僧科 Coraciidae	114	三宝鸟	*Eurystomus orientalis*			广	夏
	翠鸟科 Alcedinidae	115	蓝翡翠	*Halcyon pileata*			东	旅
		116	普通翠鸟	*Alcedo atthis*			广	留
		117	斑鱼狗	*Ceryle rudis*			广	夏

（续表）

目	科	序号	中文名	学名	保护等级	IUCN	区系	居留型
啄木鸟目 PICIFORMES	啄木鸟科 Picidae	118	蚁䴕	*Jynx torquilla*			古	旅
		119	星头啄木鸟	*Dendrocopos canicapillus*			东	留
		120	大斑啄木鸟	*Dendrocopos major*			古	留
		121	灰头绿啄木鸟	*Picus canus*			广	留
隼形目 FALCONIFORMES	隼科 Falconidae	122	红隼	*Falco tinnunculus*	II		广	留
		123	红脚隼	*Falco amurensis*	II		广	旅
		124	游隼	*Falco peregrinus*	II		广	冬
雀形目 PASSERIFORMES	黄鹂科 Oriolidae	125	黑枕黄鹂	*Oriolus chinensis*			东	夏
	山椒鸟科 Campephagidae	126	暗灰鹃鵙	*Lalage melaschistos*			东	夏
	卷尾科 Dicruridae	127	黑卷尾	*Dicrurus macrocercus*			东	夏
		128	灰卷尾	*Dicrurus leucophaeus*			东	夏
		129	发冠卷尾	*Dicrurus hottentottus*			东	夏
	王鹟科 Monarchidae	130	寿带	*Terpsiphone incei*			东	夏
	伯劳科 Laniidae	131	虎纹伯劳	*Lanius tigrinus*			古	夏
		132	牛头伯劳	*Lanius bucephalus*			古	冬
		133	红尾伯劳	*Lanius cristatus*			古	夏
		134	棕背伯劳	*Lanius schach*			东	留
		135	楔尾伯劳	*Lanius sphenocercus*			古	旅
	鸦科 Corvidae	136	灰喜鹊	*Cyanopica cyana*			古	留
		137	灰树鹊	*Dendrocitta formosae*			东	留
		138	喜鹊	*Pica pica*			古	留
		139	小嘴乌鸦	*Corvus corone*			古	旅
		140	大嘴乌鸦	*Corvus macrorhynchos*			古	留
	山雀科 Paridae	141	黄腹山雀	*Parus venustulus*			东	留
		142	大山雀	*Parus cinereus*			广	留
	攀雀科 Remizidae	143	中华攀雀	*Remiz consobrinus*			古	冬
	百灵科 Alaudidae	144	小云雀	*Alauda gulgula*			广	留
	扇尾莺科 Cisticolidae	145	棕扇尾莺	*Cisticola juncidis*			广	留
		146	纯色山鹪莺	*Prinia inornata*			东	留

（续表）

目	科	序号	中文名	学名	保护等级	IUCN	区系	居留型
雀形目 PASSERIFORMES	苇莺科 Acrocephalidae	147	东方大苇莺	Acrocephalus orientalis			古	夏
		148	黑眉苇莺	Acrocephalus bistrigiceps			古	夏
	燕科 Hirundinidae	149	崖沙燕	Riparia riparia			古	旅
		150	家燕	Hirundo rustica			古	夏
		151	金腰燕	Cecropis daurica			广	夏
	鹎科 Pycnonotidae	152	领雀嘴鹎	Spizixos semitorques			东	留
		153	黄臀鹎	Pycnonotus xanthorrhous			东	留
		154	白头鹎	Phylloscopus claudiae			东	留
	柳莺科 Phylloscopidae	155	褐柳莺	Phylloscopus fuscatus			古	旅
		156	黄腰柳莺	Phylloscopus proregulus			古	旅
		157	黄眉柳莺	Phylloscopus inornatus			古	旅
		158	极北柳莺	Phylloscopus borealis			古	旅
		159	淡脚柳莺	Phylloscopus tenellipes			古	旅
		160	冕柳莺	Phylloscopus coronatus			古	旅
	树莺科 Cettiidae	161	远东树莺	Cettia canturians			古	冬
		162	强脚树莺	Cettia fortipes			东	留
		163	鳞头树莺	Urosphena squameiceps			古	旅
	长尾山雀科 Aegithalidae	164	银喉长尾山雀	Aegithalos glaucogularis			广	留
		165	红头长尾山雀	Aegithalos concinnus			东	留
	莺鹛科 Sylviidae	166	棕头鸦雀	Sinosuthora webbiana			广	留
		167	震旦鸦雀	Paradoxornis heudei	II	NT	广	留
	绣眼鸟科 Zosteropidae	168	红胁绣眼鸟	Zosterops erythropleurus	II		古	旅
		169	暗绿绣眼鸟	Zosterops japonica			东	夏
	噪鹛科 Leiothrichidae	170	画眉	Garrulax canorus	II		东	留
		171	黑脸噪鹛	Garrulax perspicillatus			东	留
	䴓科 Sittidae	172	普通䴓	Sitta europaea			古	留
	椋鸟科 Sturnidae	173	八哥	Acridotheres cristatellus			东	留
		174	丝光椋鸟	Spodiopsar sericeus			东	留
		175	灰椋鸟	Spodiopsar cineraceus			古	冬
		176	黑领椋鸟	Gracupica nigricollis			东	冬
	鸫科 Turdidae	177	白眉地鸫	Geokichla sibirica			古	旅
		178	虎斑地鸫	Zoothera aurea			广	旅
		179	灰背鸫	Turdus hortulorum			古	冬

（续表）

目	科	序号	中文名	学名	保护等级	IUCN	区系	居留型
雀形目 PASSERIFORMES	鸫科 Turdidae	180	乌灰鸫	*Turdus cardis*			古	旅
		181	乌鸫	*Turdus merula*			留	留
		182	白腹鸫	*Turdus pallidus*			古	旅
		183	红尾斑鸫	*Turdus naumanni*			古	冬
		184	斑鸫	*Turdus eunomus*			古	冬
	鹟科 Muscicaoidae	185	蓝歌鸲	*Luscinia cyane*			古	旅
		186	红喉歌鸲	*Calliope calliope*	II		古	旅
		187	红胁蓝尾鸲	*Tarsiger cyanurus*			古	冬
		188	鹊鸲	*Copsychus saularis*			东	留
		189	北红尾鸲	*Phoenicurus auroreus*			古	冬
		190	红尾水鸲	*Rhyacornis fuliginosa*			广	留
		191	紫啸鸫	*Myophonus caeruleus*			东	留
		192	黑喉石鵰	*Saxicola maurus*			广	旅
		193	白喉矶鸫	*Monticola gularis*			古	旅
		194	乌鹟	*Muscicapa sibirica*			古	旅
		195	北灰鹟	*Muscicapa davurica*			广	旅
		196	白眉姬鹟	*Ficeduld zanthopygia*			古	夏
		197	黄眉姬鹟	*Ficedula narcissina*			古	旅
		198	鸲姬鹟	*Ficedula mugimaki*			古	旅
		199	红喉姬鹟	*Ficedula albicilla*			古	旅
		200	白腹蓝姬鹟	*Ficedula superciliaris*			古	旅
	太平鸟科 Bombycillidae	201	小太平鸟	*Bombycilla japonica*		NT	古	冬
	梅花雀科 Estrildidae	202	白腰文鸟	*Lonchura striata*			东	留
	雀科 Passeridae	203	山麻雀	*Passer cinnamomeus*			广	留
		204	麻雀	*Passer montanus*			广	留
	鹡鸰科 Motacillidae	205	山鹡鸰	*Dendronanthus indicus*			广	夏
		206	黄鹡鸰	*Motacilla tschutschensis*			古	旅
		207	灰鹡鸰	*Motacilla cinerea*			古	旅
		208	白鹡鸰	*Motacilla alba*			广	留
		209	田鹨	*Anthus richardi*			广	旅
		210	树鹨	*Anthus hogsoni*			古	冬

（续表）

目	科	序号	中文名	学名	保护等级	IUCN	区系	居留型
雀形目 PASSERIFORMES	鹡鸰科 Motacillidae	211	红喉鹨	*Anthus cervinus*			古	冬
		212	水鹨	*Anthus spinoletta*			古	冬
	燕雀科 Fringillidae	213	燕雀	*Fringilla montifringilla*			古	冬
		214	黑尾蜡嘴雀	*Eophona migratoria*			古	夏
		215	黑头蜡嘴雀	*Eophona personata*			古	旅
		216	金翅雀	*Carduelis sinica*			古	留
		217	黄雀	*Carduelis spinus*			古	冬
	鹀科 Emberizidae	218	三道眉草鹀	*Emberiza cioides*			古	冬
		219	白眉鹀	*Emberiza tristrami*			古	旅
		220	小鹀	*Emberiza pusilla*			古	冬
		221	黄眉鹀	*Emberiza chrysophrys*			古	冬
		222	田鹀	*Emberiza rustica*			古	冬
		223	黄喉鹀	*Emberiza elegans*			古	冬
		224	灰头鹀	*Emberiza spodocephala*			古	冬
		225	苇鹀	*Emberiza pallasi*			古	冬
		226	芦鹀	*Emberiza schoeniclus*			古	冬
合计（种）					40	15		

注：保护区分布有226种鸟类，隶属19目60科。其中，国家一级重点保护野生鸟类8种，国家二级重点保护野生鸟类32种。

中文名索引

A
鹌鹑 20
暗灰鹃鸥 110
暗绿绣眼鸟 133

B
八哥 135
白鹡鸰 154
白翅浮鸥 73
白额雁 24
白额燕鸥 71
白腹鸫 140
白腹蓝姬鹟 149
白腹鹞 91
白骨顶 53
白鹤 54
白喉矶鸫 146
白鹭 86
白眉地鸫 138
白眉姬鹟 147
白眉鸭 160
白眉鸭 32
白琵鹭 79
白头鹎 125
白尾鹞 91
白胸苦恶鸟 51
白眼潜鸭 34
白腰草鹬 66
白腰杓鹬 63
白腰文鸟 151
白腰雨燕 43
斑鸫 141

斑头秋沙鸭 35
斑头鸺鹠 95
斑鱼狗 102
斑嘴鸭 30
北红尾鸲 144
北灰鹟 147

C
彩鹬 60
苍鹭 84
苍鹰 90
草鹭 85
草鸮 97
池鹭 83
赤颈鸭 28
赤麻鸭 26
赤膀鸭 27
纯色山鹪莺 121

D
大白鹭 85
大斑啄木鸟 105
大鸨 49
大杜鹃 47
大麻鸦 80
大山雀 119
大鹰鹃 46
大嘴乌鸦 118
戴胜 99
丹顶鹤 54
淡脚柳莺 128
东方白鹳 75

东方大苇莺 122
东方鸻 60
董鸡 52
豆雁 22
短耳鸮 96
鹗 88

F
发冠卷尾 112
反嘴鹬 56
凤头鹛鹛 37
凤头麦鸡 57
凤头潜鸭 34

G
骨顶鸡 53

H
褐柳莺 126
鹤鹬 64
黑翅鸢 88
黑翅长脚鹬 56
黑冠鹃隼 89
黑鹳 75
黑喉石䳭 145
黑卷尾 111
黑脸琵鹭 79
黑脸噪鹛 134
黑领椋鸟 136
黑眉苇莺 122
黑水鸡 52
黑头蜡嘴雀 158

索引

黑苇鳽 81
黑尾塍鹬 63
黑尾蜡嘴雀 157
黑鸢 92
黑枕黄鹂 110
红点颏 142
红骨顶 52
红喉歌鸲 142
红喉姬鹟 149
红喉鹨 156
红角鸮 95
红脚隼 108
红脚鹬 64
红隼 107
红头潜鸭 33
红头长尾山雀 131
红尾斑鸫 141
红尾伯劳 114
红尾水鸲 144
红胁蓝尾鸲 143
红胁绣眼鸟 133
红嘴鸥 69
鸿雁 22
虎斑地鸫 138
虎纹伯劳 113
花脸鸭 32
画眉 134
环颈鸻 59
环颈雉 20
黄斑苇鳽 80
黄鹡鸰 153
黄腹山雀 118
黄喉鹀 162
黄眉姬鹟 148
黄眉柳莺 127
黄眉鹀 161
黄雀 159
黄臀鹎 125

黄苇鳽 80
黄腰柳莺 126
灰鹡鸰 154
灰斑鸠 40
灰背鸫 139
灰翅浮鸥 72
灰卷尾 112
灰椋鸟 137
灰树鹊 116
灰头绿啄木鸟 105
灰头麦鸡 57
灰头鹀 163
灰喜鹊 116
灰雁 23
火斑鸠 41

J
矶鹬 67
极北柳莺 127
家燕 123
金斑鸻 58
金翅雀 158
金鸻 58
金眶鸻 58
金腰燕 124

L
蓝翡翠 101
蓝歌鸲 142
栗苇鳽 81
林鹬 66
鳞头树莺 130
领雀嘴鹎 124
芦鹀 164
罗纹鸭 28
绿翅鸭 31
绿头鸭 29

M
麻雀 152
棉凫 27
冕柳莺 128

N
牛背鹭 84
牛头伯劳 114

P
琵嘴鸭 31
普通鵟 135
普通䴉 93
普通翠鸟 102
普通海鸥 69
普通鸬鹚 77
普通秋沙鸭 35
普通燕鸻 68
普通燕鸥 71
普通秧鸡 51
普通夜鹰 43

R
日本鹌鹑 20

Q
强脚树莺 129
翘鼻麻鸭 25
青脚鹬 65
青头潜鸭 33
鸲姬鹟 148
雀鹰 90
鹊鸲 143
鹊鹞 92

S
三宝鸟 101
三道眉草鹀 159

175

三趾滨鹬 67
山鹡鸰 153
山斑鸠 39
山麻雀 152
扇尾沙锥 62
寿带 113
树鹨 155
水鹨 156
水雉 61
丝光椋鸟 136
四声杜鹃 46

T

田鹨 155
田鹀 162
铁嘴沙鸻 59
秃鹫 89

W

苇鹀 163
乌鸫 146

乌鸦 140
乌灰鸫 139

X

西伯利亚银鸥 70
喜鹊 117
小䴙䴘 37
小太平鸟 150
小天鹅 25
小鸦 160
小鸦鹃 45
小云雀 120
小嘴乌鸦 117
楔尾伯劳 115
星头啄木鸟 104

Y

崖沙燕 123
燕雀 157
夜鹭 82
蚁䴕 104

银喉长尾山雀 130
游隼 108
鸳鸯 26
远东树莺 129

Z

噪鹃 45
泽鹬 65
针尾沙锥 62
针尾鸭 30
雉鸡 20
震旦鸦雀 132
中白鹭 86
中华攀雀 119
珠颈斑鸠 41
紫啸鸫 145
棕背伯劳 115
棕扇尾莺 121
棕头鸦雀 131
纵纹腹小鸮 96

学名索引

A

Accipiter gentilis　90
Accipiter nisus　90
Acridotheres cristatellus　135
Acrocephalus bistrigiceps　122
Acrocephalus orientalis　122
Actitis hypoleucos　67
Aegithalos concinnus　131
Aegithalos glaucogularis　130
Aegypius monachus　89
Aix galericulata　26
Alauda gulgula　120
Alcedo atthis　102
Amaurornis phoenicurus　51
Anas acuta　30
Anas crecca　31
Anas falcata　28
Anas penelope　28
Anas platyrhynchos　29
Anas zonorhyncha　30
Anser albifrons　24
Anser anser　23
Anser cygnoides　22
Anser fabalis　22
Anthus cervinus　156
Anthus hodgsoni　155
Anthus richardi　155
Anthus spinoletta　156
Apus pacificus　43
Ardea alba　85
Ardea cinerea　84
Ardea intermedia　86
Ardea purpurea　85
Ardeola bacchus　83
Asio flammeus　96
Athene noctua　96
Aviceda leuphotes　89
Aythya baeri　33
Aythya ferina　33
Aythya fuligula　34
Aythya nyroca　34

B

Bombycilla japonica　150
Botaurus stellaris　80
Bubulcus ibis　84
Buteo japonicus　93

C

Calidris alba　67
Calliope calliope　142
Caprimulgus indicus　43
Cecropis daurica　124
Centropus bengalensis　45
Ceryle rudis　102
Charadrius alexandrinus　59
Charadrius dubius　58
Charadrius leschenaultia　59
Charadrius veredus　60
Chlidonias hybrida　72
Chlidonias leucoptera　73
Chloris sinica　158
Chroicocephalus ridibundus　69
Ciconia boyciana　75
Ciconia nigra　75
Circus cyaneus　91
Circus melanoleucos　92
Circus spilonotus　91
Cisticola juncidis　121
Copsychus saularis　143
Corvus corone　117
Corvus macrorhynchos　118
Coturnix japonica　20
Cuculus canorus　47
Cuculus micropterus　46
Cyanopica cyanus　116
Cyanoptila cyanomelana　149
Cygnus columbianus　25

D

Dendrocitta formosae　116
Dendrocopos canicapillus　104
Dendrocopos major　105
Dendronanthus indicus　153
Dicrurus hottentottus　112
Dicrurus leucophaeus　112
Dicrurus macrocercus　111
Dupetor flavicollis　81

E

Egretta garzetta　86
Elanus caeruleus　88
Emberiza chrysophrys　161
Emberiza cioides　159
Emberiza elegans　162
Emberiza pallasi　163

Emberiza pusilla 160
Emberiza rustica 162
Emberiza schoeniclus 164
Emberiza spodocephala 163
Emberiza tristrami 160
Eophona migratoria 157
Eophona personata 158
Eudynamys scolopaceus 45
Eurystomus orientalis 101

F

Falco amurensis 108
Falco peregrinus 108
Falco tinnunculus 107
Ficedula albicilla 149
Ficedula mugimaki 148
Ficedula narcissina 148
Ficedula zanthopygia 147
Fringilla montifringilla 157
Fulica atra 53

G

Gallicrex cinerea 52
Gallinago gallinago 62
Gallinago stenura 62
Gallinula chloropus 52
Garrulax canorus 134
Garrulax perspicillatus 134
Geokichla sibirica 138
Glareola maldivarum 68
Glaucidium cuculoides 95
Gracupica nigricollis 136
Grus japonensis 54
Grus leucogeranus 54

H

Halcyon pileata 101
Herococcyx sparverioides 46

Himantopus himantopus 56
Hirundo rustica 123
Horornis canturians 129
Horornis fortipes 129
Hydrophasianus chirurgus 61

I

Ixobrychus cinnamomeus 81
Ixobrychus sinensis 80

J

Jynx torquilla 104

L

Lalage melaschistos 110
Lanius bucephalus 114
Lanius cristatus 114
Lanius schach 115
Lanius sphenocercus 115
Lanius tigrinus 113
Larus canus 69
Larus smithsonianus 70
Limosa limosa 63
Lonchura striata 151
Luscinia cyane 142

M

Mareca strepera 27
Mergellus albellus 35
Mergus merganser 35
Milvus migrans 92
Monticola gularis 146
Motacilla alba 154
Motacilla cinerea 154
Motacilla flava 153
Muscicapa dauurica 147
Muscicapa sibirica 146
Myophonus caeruleus 145

N

Nettapus coromandelianus 27
Numenius arquata 63
Nycticorax nycticorax 82

O

Oriolus chinensis 110
Otis tarda 49
Otus sunia 95

P

Pandion haliaetus 88
Paradoxornis heudei 132
Pardaliparus venustulus 118
Parus cinereus 119
Passer cinnamomeus 152
Passer montanus 152
Phalacrocorax carbo 77
Phasianus colchicus 20
Phoenicurus auroreus 144
Phylloscopus borealis 127
Phylloscopus coronatus 128
Phylloscopus fuscatus 126
Phylloscopus inornatus 127
Phylloscopus proregulus 126
Phylloscopus tenellipes 128
Pica pica 117
Picus canus 105
Platalea leucorodia 79
Platalea minor 79
Pluvialis fulva 58
Podiceps cristatus 37
Prinia inornata 121
Pycnonotus sinensis 125
Pycnonotus xanthorrhous 125

R

Rallus indicus 51

Recurvirostra avosetta 56
Remiz consobrinus 119
Rhyacornis fuliginosa 144
Riparia riparia 123
Rostratula benghalensis 60

S

Saxicola maurus 145
Sibirionetta formosa 32
Sinosuthora webbiana 131
Sitta europaea 135
Spatula clypeata 31
Spatula querquedula 32
Spinus spinus 159
Spizixos semitorques 124
Spodiopsar cineraceus 137
Spodiopsar sericeus 136
Sterna albifrons 71
Sterna hirundo 71
Streptopelia chinensis 41
Streptopelia decaocto 40
Streptopelia orientalis 39
Streptopelia tranquebarica 41

T

Tachybaptus ruficollis 37
Tadorna ferruginea 26
Tadorna tadorna 25
Tarsiger cyanurus 143
Terpsiphone incei 113
Tringa erythropus 64
Tringa glareola 66
Tringa nebularia 65
Tringa ochropus 66
Tringa stagnatilis 65
Tringa totanus 64
Turdus cardis 139
Turdus eunomus 141
Turdus hortulorum 139
Turdus mandarinus 140
Turdus naumanni 141
Turdus pallidus 140
Tyto longimembris 97

U

Upupa epops 99
Urosphena squameiceps 130

V

Vanellus cinereus 57
Vanellus vanellus 57

Z

Zoothera aurea 138
Zosterops erythropleurus 133
Zosterops japonicus 133

英文名索引

A

Amur Falcon 108
Amur Paradise-Flycatcher 113
Arctic Warbler 127
Ashy Drongo 112
Asian Barred Owlet 95
Asian Brown Flycatcher 147
Asian Stubtail 130
Azure-winged Magpie 116

B

Baer's Pochard 33
Baikal Teal 32
Barn Swallow 123
Bean Goose 22
Black Baza 89
Black Bittern 81
Black Drongo 111
Black Kite 92
Black Stork 75
Black-browed Reed Warbler 122
Black-capped Kingfisher 101
Black-collared Starling 136
Black-crowned Night Heron 82
Black-faced Bunting 163
Black-faced Spoonbill 79
Black-headed Gull 69
Black-naped Oriole 110
Black-tailed Godwit 63
Black-throated Bushtit 131
Black-winged Cuckoo-shrike 110
Black-winged Kite 88

Black-winged Stilt 56
Blue Whistling Thrush 145
Blue-and-white Flycatcher 149
Brambling 157
Brown Shrike 114
Brown-breasted Bulbul 125
Brown-cheeked Rail 51
Brownish-flanked Bush Warbler 129
Bull-headed Shrike 114

C

Carrion Crow 117
Cattle Egret 84
Chestnut-flanked White-eye 133
Chinese Blackbird 140
Chinese Gray Shrike 115
Chinese Grosbeak 157
Chinese Penduline Tit 119
Chinese Pond Heron 83
Cinereous Vulture 89
Cinnamon Bittern 81
Collared Finchbill 124
Common Coot 53
Common Cuckoo 47
Common Greenshank 65
Common Hoopoe 99
Common Kestrel 107
Common Kingfisher 102
Common Koel 45
Common Magpie 117
Common Moorhen 52
Common Pheasant 20

Common Pochard 33
Common Redshank 64
Common Sandpiper 67
Common Shelduck 25
Common Snipe 62
Common Tern 71
Common Merganser 35
Cotton Pygmy Goose 27
Crested Myna 135

D

Dark-sided Flycatcher 146
Daurian Redstart 144
Dollarbird 101
Dusky Thrush 141
Dusky Warbler 126

E

Eastern Buzzard 93
Eastern Crowned Warbler 128
Eastern Grass Owl 97
Eastern Marsh Harrier 91
Eastern Spot-billed Duck 30
Eastern Yellow Wagtail 153
Eurasian Bittern 80
Eurasian Collared Dove 40
Eurasian Curlew 63
Eurasian Nuthatch 135
Eurasian Siskin 159
Eurasian Sparrowhawk 90
Eurasian Spoonbill 79
Eurasian Tree Sparrow 152

Eurasian Wigen   28

Eurasian Wryneck   104

F

Falcated Duck   28

Feruginous Duck   34

Forest Wagtail   153

Fork-tailed Swift   43

G

Gadwall   27

Garganey   32

Great Bustard   49

Great Cormorant   77

Great Crested Grebe   37

Great Egret   85

Great Spotted Woodpecker   105

Great Tit   119

Great White-fronted Goose   24

Greater Painted-Snipe   60

Greater Sand Plover   59

Green Sandpiper   66

Green-winged Teal   31

Grey Heron   84

Grey Nightjar   43

Grey Treepie   116

Grey Wagtail   154

Grey-backed Thrush   139

Grey-capped Greenfinch   158

Grey-capped Woodpecker   104

Grey-headed Lapwing   57

Grey-headed Woodpecker   105

Greylag Goose   23

H

Hair-crested Drongo   112

Hen Harrier   91

Hwamei   134

I

India Cuckoo   46

Intermediate Egret   86

J

Japanese Grosbeak   158

Japanese Quail   20

Japanese Thrush   139

Japanese Waxwing   150

Japanese Waxwing   152

Japanese White-eye   133

K

Kentish Plover   59

L

Large Hawk-Cuckoo   46

Large-billed Crow   118

Lesser Coucal   45

Light-vented Bulbul   125

Little Bunting   160

Little Egret   86

Little Grebe   37

Little Owl   96

Little Ringed Plover   58

Little Tern   71

Long-tailed Shrike   115

M

Mallard   29

Manchurian Bush Warbler   129

Mandarin Duck   26

Marsh Sandpiper   65

Masked Laughingthrush   134

Meadow Bunting   159

Mew Gull   69

Mugimaki Flycatcher   148

N

Narcissus Flycatcher   148

Naumann's Thrush   141

Northerm Shoveler   31

Northern Goshawk   90

Northern Lapwing   57

Northern Pintail   30

O

Olive-backed Pipit   155

Orange-flanked Bluetail   143

Orential Plover   60

Oriental Magpie Robin   143

Oriental Pratincole   68

Oriental Reed Warbler   122

Oriental Scops Owl   95

Oriental Skylark   120

Oriental Turtle Dove   39

Osprey   88

P

Pacific Golden Plover   58

Pale Thrush   140

Pale-legged Leaf Warbler   128

Pallas's Bunting   163

Pallas's Leaf Warbler   126

Peregrine Falcon   108

Pheasant-tailed Jacana   61

Pied Avocet   56

Pied Harrier   92

Pied Kingfisher   102

Pintail Snipe   62

Plain Prinia   121

Plumbeous Water Redstart   144

Purple Heron   85

R

Red Turtle Dove   41

Red-crowned Crane　54

Red-rumped Swallow　124

Red-throated Pipit　156

Reed Bunting　164

Reed Parrotbill　132

Richard's Pipit　155

Ruddy Shellduck　26

Rustic Bunting　162

S

Sand Martin　123

Sanderling　67

Short-eared Owl　96

Siberian Blue Robin　142

Siberian Crane　54

Siberian Gull　70

Siberian Rubythroat　142

Siberian Stonechat　145

Siberian Thrush　138

Silky Starling　136

Silver-throated Bushtit　130

Smew　35

Spotted Dove　41

Spotted Redshank　64

Swan Goose　22

T

Taiga Flycatcher　149

Tiger Shrike　113

Tristram's Bunting　160

Tufted Duck　34

Tundra Swan　25

V

Vinous-throated Parrotbill　131

W

Water Pipit　156

Watercock　52

Whiskered Tern　72

White Wagtail　154

White-breasted Waterhen　51

White-cheeked Starling　137

White-rumped Munia　151

White's Thrush　138

White-throated Rock Thrush　146

White-winged Tern　73

Wood Sandpiper　66

Y

Yellow Bittern　80

Yellow-bellied Tit　118

Yellow-browed Bunting　161

Yellow-browed Warbler　127

Yellow-rumped Flycatcher　147

Yellow-throated Bunting　162

Z

Zitting Cisticola　121